花草工坊

101 种天然植物护肤清洁用品

DIY 修订版

[美] 简·贝丽（Jan Berry）著 / 张稚妍 译

人民邮电出版社

北京

U0177011

版权声明

内 容 提 要

鲜花总是让人迷恋，这不仅是由于它的美丽和芬芳，更源自它的天然功效。它可以点缀我们的生活，带给我们芳香清新的气息，也可以守护我们的健康。在本书中，来自美国弗吉尼亚的简·贝丽夫人将为我们介绍如何利用身边常见的花草植物制作护肤、护发及清洁用品，例如薰衣草燕麦皂、清凉薄荷沐浴露、百里香桌面清洁剂、罗勒青柠润唇膏等。

书中所介绍的产品制作起来都非常简单，使用的材料都是随处可见的花草以及常见的油脂和其他天然材料，不需要使用昂贵的仪器设备，也不需要丰富的实践经验。如果你手头缺少某种材料，这里也提供了其他多种替代品可供选择。

你还在犹豫什么，快快行动吧。

目录

引言

当你望着花园里成片的薄荷和香蜂叶时，你是否想过，5 年前你一时兴起买来的那一小株植物怎么如此轻而易举地就占据了半个花坛？

我不止一次这样思考过。

尽管我已经拥有了一个茂密的花园，但当发现新品种的花卉植物时，我仍然无法控制自己买来将其种在花园里的冲动。我把创造性地利用身边的植物当成自己的一种使命来看待。

我写这本书的目的是为了分享我对这种使命和制作的热爱，同时告诉大家也可以利用身边的植物进行一些小小的尝试。

我会教给你如何利用花园里的一朵玫瑰、后院里的一把蒲公英或当地农产品店里的一束罗勒来为你及你的家人制作一些有用、健康且赏心悦目的产品。

因为我个人的预算有限，而网络购买的运费又是一笔不小的开支，所以对我来说在本地买到尽可能多的原材料就显得尤为重要。如果你像我一样生活在美国的乡村，尽管本地商店售卖的商品数量非常有限，但我们仍能在距家 48 千米的半径范围内找到需要的大部分原材料。对于那些必须通过网络购买的原料，我在本书的后半部分专门列出了推荐的购买渠道。

在本书中，我已尽可能详细地描述我使用的原料和制作流程。好了，现在如果你已经准备好和我做一些有意思的东西，那么翻到下一页，让我们开始吧！

准备开始
自制纯天然产品

常见的植物、花朵以及它们的功效

　　我们的周边长满了各种各样的鲜花和野草，它们可以为我们的家庭、健康和美丽提供许多有趣且有效的材料。如果我们可以很安全地食用一种植物，那么我们就有很大的机会通过其他途径利用它。

　　我在本书中列出了一些植物用于制作产品时的特别用途，但这远远不是它的全部用途。我们可以通过因特网、图书馆或书店找到你所在地区的植物及可食用花卉的信息。一些常见的植物是很容易辨认的，如玫瑰和罗勒，但在每次使用前，请务必确保你已清楚辨别出自己采摘的植物。

罗勒具有抗炎、抗氧化、抗菌和除虫的功效。通过口服，它可以缓解慢性疼痛，还能在止咳糖浆中用作化痰剂。罗勒可以打开鼻窦、缓解头痛、收敛痤疮，可以放在浴缸中缓解压力和疼痛，可以涂抹在蚊虫叮咬处或添加在治疗关节疼痛的药膏中。同时有研究表明，它也有抗衰老的功效。总而言之，罗勒并非只能用来做香蒜沙司！

- ➤ 罗勒玫瑰康普茶爽肤水——第 46 页
- ➤ 罗勒青柠润唇膏——第 126 页
- ➤ 食醋护发素——第 150 页
- ➤ 猫薄荷罗勒驱虫喷雾剂——第 191 页
- ➤ 罗勒薄荷利喉喷雾剂——第 201 页

金盏花是一种大众喜爱的花卉，并且在护肤品配方中多有使用。由于其具有抗炎抗菌能力，并能帮助皮肤愈合，因此它是婴儿尿布疹药膏中的常规成分。它对湿疹及由湿疹引起的淋巴结肿大有缓解作用（帮助缓解淋巴结堵塞），对咽喉疼痛和扁桃体肿大也有帮助，还能帮助皮肤再生，减轻静脉曲张的症状，但孕妇禁服。金盏花茶还可以用于伤口的冲洗，有杀菌作用。

- ➤ 金盏花搅打椰子油——第 71 页
- ➤ 金盏花搅打椰子油身体乳——第 72 页
- ➤ 金盏花舒缓乳液——第 81 页
- ➤ 金盏花泡沫浴盐——第 101 页
- ➤ 金盏花蜂蜜清洁磨砂膏——第 113 页
- ➤ 草本干洗香波——第 147 页
- ➤ 胡萝卜金盏花手工皂——第 182 页
- ➤ 虫不咬粉剂——第 197 页
- ➤ 皮肤瘙痒洗剂——第 234 页
- ➤ 多用途动物舒缓软膏——第 237 页

猫薄荷是一种清凉干燥的药草。它可以用于驱蚊蝇，是一种温和的止痛剂，还可以舒缓神经、帮助睡眠。猫薄荷浴粉可以帮助人们减压，加入洗发水中可以帮助去除头屑。作为茶饮用，它可以减轻感冒和咳嗽的症状，还能缓解腹痛、恶心、牙疼和头痛。

- ➤ 食醋护发素——第 150 页

➤ 猫薄荷罗勒驱虫喷雾剂——第 191 页

洋甘菊具有抵抗细菌和真菌、防腐及抗炎的功效。它已被证实具有与可的松类似的温和作用，常被加入各种洗涤剂、面霜和药膏中，用于减轻各种皮疹症状。

➤ 洋甘菊蜂蜜洗面奶——第 36 页
➤ 蜂蜜洋甘菊润肤霜——第 91 页
➤ 减压浴粉——第 98 页
➤ 薰衣草助眠浴茶——第 104 页
➤ 柠檬洋甘菊沐浴融块——第 112 页
➤ 洋甘菊黑糖磨砂块——第 120 页
➤ 洋甘菊唇部磨砂膏——第 135 页
➤ 洋甘菊橄榄皂——第 162 页
➤ 洋甘菊镇静糖浆——第 209 页

矢车菊的提取物经常被用作皮肤的调节剂和收敛剂。它的花瓣可用作茶和浴粉的天然增色剂，同时也具有抗炎的功效。精滤过的茶可以用来缓解眼部不适，给眼部消肿。

➤ 薰衣草蓝面膜——第 51 页

雏菊广泛地生长在路边，很多地方都能见到，它的花朵可用于治疗咳嗽和支气管炎。过去，雏菊作为一种药草被广泛用于皮肤擦伤、骨折、湿疹、炎症和感染的治疗。近年来，雏菊对伤口愈合的促进作用已经在科学研究中得到了证实。

➤ 雏菊香草润唇膏——第 129 页

蒲公英在春天生长茂盛，总会破坏漂亮的草坪，令那些想要拥有完美草坪的人生厌。但实际上，它是一种对人体有多种好处的重要植物。蒲公英的花朵是蜜蜂首选的食物来源，同时也富含卵磷脂。它与油脂混合制成药膏、洗剂或者面霜，可用于舒缓和治疗干裂疼痛的皮肤。蒲公英的酊剂能促进肝脏排毒，经过一段时间的服用后，可以帮助人体清除痤疮和湿疹。目前，蒲公英的抗癌作用也在研究中。此外，它的汁液可用于治疗皮肤细菌和真菌感染，同时对痤疮和皮肤疣也有治疗作用。

➤ 蒲公英百里香食醋爽肤水与滋养液——第 45 页
➤ 蒲公英去角质软膏——第 62 页

- 蒲公英身体乳——第 67 页
- 植物盐足部磨砂块——第 119 页
- 蒲公英车前草唇部干裂修护霜——第 129 页
- 蒲公英手工皂——第 180 页
- 薰衣草蒲公英止痛油——第 198 页
- 蒲公英加镁乳液——第 206 页

石竹是一种花坛观赏性植物，它的花朵多为白色、粉色和红色。这种可食用的花朵通常被用作菜肴的配菜，而我通常将它们作为护肤配方中的天然染色剂加入浴盐和磨砂膏中。

- 植物盐足部磨砂块——第 119 页

接骨木的花朵可以帮助伤口愈合，同时它长久以来被用于改善面部肤色，它的浆果已被证实对流行性感冒有治疗作用。

- 接骨木花眼霜——第 88 页

连翘是一种常见的观花灌木，它总是在春天第一个开花。一般来说，连翘的果实是药用的主要成分，其实它的花朵也具有类似的功效，只是药效更温和。连翘具有清凉和抗炎作用，与金银花联合使用时还具有抗病毒的功效。它的花朵也可以用于预防痤疮和其他皮肤问题。

- 连翘清洁爽肤水——第 43 页
- 植物盐足部磨砂块——第 119 页

蜀葵是草芙蓉（药用蜀葵）的近亲，具有类似的镇痛、清凉和抗炎作用。它的花和叶子可以制作浸泡油，并用于制作药膏和面霜。

- 蜀葵发梢修复软膏——第 141 页
- 蜀葵洗发皂——第 177 页

薰衣草是大家都很喜欢的一种香草。这种芳香的植物具有抗菌、抗炎、帮助皮肤再生、舒缓炎症、加速伤口愈合、抗击感染、驱赶蚊虫，以及使衣服气味清新等多种功效。薰衣草可用于制作多种对健康有益的家用产品，例如药膏、面霜、乳液、手工皂、洗涤剂等。除了花朵可以被广泛利用外，它的叶子也在很多配方中得到了广泛应用。

香蜂叶具有温和减压、改善情绪以及显著的抗病毒作用，特别是对疱疹病毒作用明显。针对唇疱疹，可以将香蜂叶加入润唇膏中使用。

柠檬草对人有非常多的好处。它可以抵抗变形虫，抗击细菌；用它的茎部煎煮成的药汁有止泻的功效；它的浸泡油可以对抗真菌；新鲜的叶子可用于退热；晒干的叶子泡茶可以抗炎；柠檬草精油可用于预防疟疾。此外，它还具有宜人的香气。

薄荷具有清凉镇痛的功效，还可以帮助缓解胃痛、消化不良、头痛、恶心以及肌肉酸痛。外用药膏中加入薄荷可以起到止痒和消炎的作用。目前胡椒薄荷和绿薄荷应用比较广泛。除此之外，也可以选用柳橙薄荷、菠萝薄荷、苹果薄荷、巧克力薄荷等其他品种。

荨麻具有抗炎、止血、抗菌、滋养的功效，可以用来治疗头皮屑和痤疮。它被添加到很多头发护理配方中，用以改善头皮循环，刺激头发生长。

牛至可以有效地杀灭细菌和真菌，对抗上呼吸道感染。它富含多种维生素、矿物质及抗氧化剂，是感冒疏风丸的重要成分。

欧芹以清新爽肤著称，它富含营养物质，维生素 A、维生素 C 和维生素 K 的含量都很高。它可以帮助排出尿酸（会引起痛风的物质），同时对动物的关节炎也有治疗作用。

➤ 薄荷欧芹狗狗零食——第 238 页

牡丹是一种流传千年的庭院花卉。在本书中，它作为磨砂膏和浴盐中的天然染色剂使用。一般使用深粉色或红色的花朵染色，浅粉色的染色效果一般。

➤ 牡丹柳橙砂糖磨砂膏——第 115 页
➤ 植物盐足部磨砂块——第 119 页

松树富含维生素 C 和抗氧化成分，它的树脂具有抗菌作用，而且对溃疡、关节僵硬和风湿有很大帮助。松树的成分温和并能促进血液循环。

➤ 胡椒薄荷松针止痛软膏——第 60 页
➤ 花园香草浴粉——第 97 页
➤ 肌肉舒缓沐浴包——第 103 页
➤ 柳橙松针地板清洁剂——第 223 页

车前草是一种广泛生长在后院和车道边的杂草。它具有清凉、舒缓和滋润的作用，是治疗敏感性皮肤问题、割伤、蚊虫叮咬及擦伤最好的药用植物之一。在户外急救时，你只需要在花园里摘一片车前草的叶子放入口中嚼碎，然后直接涂抹在伤口上即可。绿色多叶的车前草一般不会和芭蕉混淆（两者英文相同），其浸泡油可用于制造手工皂、药膏和润唇膏，效果非常棒。

➤ 花园香草浴粉——第 97 页
➤ 蒲公英车前草唇部干裂修护霜——第 129 页
➤ 多用途动物舒缓软膏——第 237 页

玫瑰可以温和地治疗炎症，它还具有收敛和舒缓的功效。玫瑰有清凉作用，可以治疗脸部潮红，与蜂蜜混合可用于制作喉咙舒缓糖浆，它还是皮肤护理配方中的重要成分。同时，玫瑰的芬芳气味可以帮助人们愉悦身心，改善精神状态。

➤ 蜂蜜玫瑰燕麦洁面乳——第 35 页
➤ 罗勒玫瑰康普茶爽肤水——第 46 页
➤ 玫瑰粉面膜——第 51 页

- ➤ 再生玫瑰软膏——第 59 页
- ➤ 可可玫瑰身体保湿块——第 77 页
- ➤ 玫瑰面霜——第 86 页
- ➤ 玫瑰柠檬泡泡浴粉——第 102 页
- ➤ 薰衣草助眠浴茶——第 104 页
- ➤ 香子兰玫瑰沐浴融块——第 110 页
- ➤ 植物盐足部磨砂块——第 119 页
- ➤ 玫瑰唇彩——第 129 页
- ➤ 草本干洗香波——第 147 页
- ➤ 古方玫瑰皂——第 168 页
- ➤ 炉甘石玫瑰洗剂——第 194 页
- ➤ 芦荟玫瑰防晒喷雾剂——第 208 页
- ➤ 玫瑰玻璃清洁剂——第 219 页
- ➤ 皮肤瘙痒洗剂——第 234 页

迷迭香可用于改善血液循环，同时对缓解肌肉酸痛非常有效，还常被用在改善头皮健康和促进生发的产品中。一点点迷迭香就可以起到提高注意力的效果。

- ➤ 花园香草浴粉——第 97 页
- ➤ 薰衣草助眠浴茶——第 104 页
- ➤ 食醋护发素——第 150 页
- ➤ 迷迭香胡须油——第 149 页
- ➤ 四贼醋喷雾剂——第 220 页

鼠尾草是一种温和干燥的植物。它可以减少排汗，还是一种对咽喉疼痛非常有效的抗菌剂。因为它属性干燥，哺乳期的妈妈应适量食用，如果过量的话，可能会减少产奶量。

- ➤ 鼠尾草绿面膜——第 51 页
- ➤ 花园香草浴粉——第 97 页
- ➤ 食醋护发素——第 150 页
- ➤ 四贼醋喷雾剂——第 220 页

向日葵具有舒缓皮肤及抗炎的功效，同时经常被用在洗发水配方中来养护头发、增加发质光泽。

百里香是一种极有效的消毒剂，是治疗割伤、擦伤和咽喉疼痛的非常好的选择。同时它能有效杀灭引发痤疮的细菌。

紫罗兰富含维生素 A 和 C。它具有舒缓和清凉的特性，能够消肿及疏通淋巴结，同时对缓解干咳、头痛和咽喉疼痛非常有效。人们还常常用紫罗兰的叶子和花制作治疗乳腺纤维囊肿的药膏或按摩油。

香草、花朵的保存

　　用新鲜的花草制作护肤品总是非常有趣，但是它们无法按照我们希望的那样一直盛放。所以，我们需要把它们晾干或者冷冻起来，以便在它们凋谢的季节也能继续使用。这两种保存方式都可以保留花材的药效和对人体健康的好处，其中晾干后的花材具有更广泛的用途，并且这种保存方法不依赖于电力。

　　干燥保存的花材，除了特别提到的，都可以用于本书中所有配方的制作。而冷冻保存的花材比较适合制作手工皂、醋类以及那些以水为基材的配方，因为它们含水，所以无法和油脂混合在一起制作药膏、润唇膏或身体乳等。

　　我们要选择一个阳光明媚的日子采集那些准备干燥保存的花材。时间最好是在上午10点左右，因为这个时候花材内的精油浓度处于峰值。把采摘到的花材带入室内，单层平铺在一条干净的洗碗巾上，然后放在空气流通处，避免阳光直射。在花材完全干燥之前，每天至少要翻动一两次。整个干燥过程可能要耗时两天到一周，这取决于房间的湿度和温度水平。

　　一些草本植物（如百里香、迷迭香、牛膝草、莳萝、欧芹、罗勒、香蜂叶等）可以用细绳绑成一小簇倒挂晾干。这时也同样需要避免阳光直射，而且一旦晾干就要及时取下，以免它们褪色或者落灰。

　　如果环境湿度较高，我们又想快速晾干花材，可以使用脱水机，但要注意温度不能超过43摄氏度，以保证能保留花材的颜色、香气和药效。

　　验证花材是否已经完全干燥，可以采用手指揉搓的办法。如果花材很脆，并且很容易就碎了，这说明它已经完全干燥了，如果不是，则需要再晾一段时间。对于晾干的花材，在储存之前，需要把它的花和叶子从茎上剥离下来。剩下的茎可以用来堆肥，或者打捆储存，在冬天用来生火取暖。为了保存植物中的芳香精油，同时延长花材的保质期，在按照配方正式利用花材之前，先不要弄碎它。

　　将干燥的花材储存在干净且干燥的玻璃罐内，置于阴凉处，避免阳光直射。大部分晾干的花材都可以储存6个月到一年，其中一些花材（如蒲公英花）会很快褪色。如果你发现花材变成了褐色，这就说明它已经不能再用了。

　　许多花朵（如蒲公英、紫罗兰和玫瑰花瓣）都可以用结实的冷冻袋单层平铺冷冻保存，保存期可达6~9个月。我们也可以使用新鲜的花材泡茶，再将花草茶过滤后用制冰格冷冻，然后将冻好的冰块装入做好标记的冷冻袋中冷冻保存，这样保存期可达一年。

　　如果在一个配方中要求我们使用新鲜花材，这时需要使用直接从冷冻室中取出的冷冻花材。花材一旦完全解冻就会变得黏糊糊的。花草茶可置于冷藏室中过夜解冻。

　　当你不确定你最喜欢的花材是否能用冷冻的方式保存时，最好的办法就是选取少量的叶片和花瓣冷冻一周先试一下。大多数情况下，冷冻保存的效果都很不错，但也会有极个别的例外。这时可将没有保存好的花材堆肥处理，同时你也因此学到了新知识。

浸泡油

把花材浸泡在油脂里，它们的有效成分就会释放出来，并在制作手工皂、药膏、乳液和其他家庭自制产品时为我们所用。在浸泡前必须确认花材已经完全干燥，如果油脂中混入了水，这些水分会导致细菌和霉菌滋生。

以下是浸泡油的 3 种基本制作方法。

传统慢速浸泡法

这种方法需要极强的耐心，且耗时较长，但是可以制造出效果最好的浸泡油。

向一个玻璃罐中装入 25%~50% 的干燥花材，然后用选择的油脂灌满这个容器。油脂有很多品种可以供我们选择，其中最常用的是橄榄油、葵花籽油和甜杏仁油。

封好容器的罐口，把它放在一个阴凉避光的食品柜内，静置 4~6 周，其间偶尔摇晃一下。将罐子放在阴暗避光处的原因是过多的曝光和热量可能会降低浸泡期间花材和油脂的品质。

温暖光照浸泡法

这个浸泡方法能够得到阳光能量的帮助，同样可以制造出高品质的浸泡油。

和传统慢速浸泡法一样，向一个玻璃罐中装入 25%~50% 的干燥花材，然后用你选择的油脂灌满这个容器。用一片粗棉布或咖啡滤纸盖住罐口，用橡皮筋固定好，将玻璃罐放在一扇温暖且有阳光照射的窗户旁边。罐口使用的透气覆盖物可以保证罐内外的空气流通，同时可以防止灰尘和苍蝇污染浸泡油。

用这种浸泡方法制作的浸泡油 3~5 天就可以使用了，具体的时间长短取决于周围环境的温度。如果在这之后还想要继续浸泡以得到功效更为显著的浸泡油，可以把罐子放入食品柜中再多泡几个星期。浸泡过程中短期暴露于阳光和高温中是可以的，但如果长期放置在这样的环境中，就会造成花材和油脂的品质下降。

快速浸泡法

如果你没有兴趣和时间等几天或者几周，那么这个方法是制作浸泡油的最好方法。用这种方法制作的浸泡油可能没有用传统慢速浸泡法制作的油脂的效果那么好，但是它的功效也是显而易见的。由于椰子油在室温下以固态存在，因此它是使用这种方法制作浸泡油的最佳选择。

像前面提到的两种方法一样，向一个玻璃罐中装入 25%~50% 的干燥花材，然后用你选择的油脂灌满这个容器，但不要盖上盖子。将这个没有盖盖子的罐子放入一个加了少量水的平底锅里，形成一个临时的双层锅。把平底锅放在小火上加热大约两小时，要保证平底锅内的水不要烧干。如果锅内的水快要沸腾了，这个时候温度就过高了，需要把炉火关小一点儿。温度不需要特别精确，但最好控制在 46 摄氏度左右，这样的温度不至于一不小心就"煮"了你的花材。加热两小时后，把玻璃罐从平底锅中取出，并放置晾凉。

也可以将花材和油脂放在一个慢炖锅里保温 2~4 小时完成快速浸泡。一些慢炖锅在保温过程中会达到比较高的温度，迅速完成浸泡过程。所以，在使用之前需要对自己的慢炖锅进行实验，以确保温度合适。

从上面选择一种你最喜欢的方法制成浸泡油后，需要用细孔筛或多层棉布对它进行过滤。然后把过滤好的浸泡油存放在干净且干燥的玻璃罐中，置于阴凉处（例如食品柜中）。光照和高温会缩短浸泡油的保质期，如果保存良好，它可以保存 9 个月到一年。

可用于制作化妆品的油脂

我们可以通过网络及身边的零售店买到各种可用于制作化妆品的油脂，但通常情况下我们不知道究竟应该使用哪一种。

初次尝试自己动手制作护肤品时，可以先在当地的杂货店或保健品店购买比较基础的植物油，例如橄榄油、葵花籽油或椰子油等。只要这些商店的货品周转率足够高，出售的油脂足够新鲜就可以了。

当你的制作手艺足够纯熟后，就可以尝试使用更多不同种类的油脂了，比如其他来自世界各地的油脂。通过网络购买时，由于每次购买量较大，且运费昂贵，花费都会比较多。但按重量平均计算后，你会发现每克原材料的价格是非常经济实惠的，而且油脂的品质也要比从当地杂货店买到的好得多。

本书中提到的成品保质期只是一个建议，它主要取决于原材料（油脂）的品质以及购买时的新鲜程度。将制作好的护肤品放在阴凉处，并避免阳光直射，则可以保存更长的时间。

杏仁油: 一种清爽滋润的油脂，可以软化角质，给皮肤保湿，适用于所有的皮肤类型。杏仁油易吸收，能帮助缓解皮肤湿疹及其他瘙痒问题。保质期大约为 12 个月。

阿甘油（也叫坚果油）: 能被皮肤迅速吸收，对头发和指甲有很好的修护作用。它可以改善和修护肌肤，减少皱纹，是妊娠霜的主要成分。

酪梨油（也叫鳄梨油）: 一种黏稠滋润的油脂，富含维生素 B 和脂肪酸。酪梨油常用于护发配方，同时对敏感肌肤也有帮助。此外，由于这种油脂提取于水果中，所以酪梨油是对坚果过敏的人群非常好的选择。它的保质期大约为 12 个月。

巴巴苏仁油: 可作为椰子油的替代品,尤其适用于对椰子油过敏的人群。巴巴苏仁油具有清凉、保湿的功效,对干燥受损的皮肤和发质非常有好处。保质期为 18~24 个月。

蓖麻油: 一种黏稠滋润的油脂,具有保护皮肤和消炎的作用。蓖麻油用在润唇膏中可以增加膏体的光泽度。它不易阻塞毛孔,还可以为手工皂增加丰富的泡沫。

可可脂: 一种高脂肪含量的乳化油,富含维生素 E 及其他抗氧化剂,用于舒缓和保护皮肤。未经提炼的可可脂闻起来有浓郁的巧克力香味,而这种味道也会保留在最终的产品中。一些情况下,如果产品中还加入了其他香精油,如薄荷油,这两种味道会融合得非常好。而大多数情况下,我们最好还是使用精炼过的可可脂,以避免产品中留存它的味道。手工皂配方中加入可可脂,可以提高皂的硬度,并为手工皂增加丰富的泡沫。可可脂的保质期为 24~30 个月。

椰子油: 在 24 摄氏度时熔化,能保护皮肤,并为皮肤补充水分。椰子油广泛用于发质护理,同时因为它的抗菌能力,也是自制除臭剂的重要材料。当用于手工皂配方时,它可以增加皂的硬度,并为手工皂增加丰富的泡沫。但要注意的是,一些人持续使用椰子油一段时间后会出现皮肤变红变干的症状。除此之外,椰子油也会加重痤疮,此时我们可以选用巴巴苏仁油替代椰子油。椰子油分为未精炼和精炼两种。一般来说建议使用未精炼的椰子油,因为一些有效成分可能会在精炼的过程中损失掉。当然精炼过的椰子油同样可以在制作过程中正常使用,尤其是在制作手工皂时,精炼椰子油因为具有更低廉的价格,往往是更好的选择。椰子油的保质期为 18~24 个月。

葡萄籽油: 一种清爽滋润的油脂,非常容易吸收,使用后不油腻,适用于油性或易生痤疮的肤质。葡萄籽油也经常作为按摩油使用,或被添加到黏稠油脂中以促进其吸收。葡萄籽油的保质期为 6~9 个月。

大麻籽油: 一种黏稠滋润的油脂,是护肤品和护发用品中常见的成分。它对干燥受损的皮肤极有好处,同时具有治疗湿疹和牛皮癣的功效。未精炼的大麻籽油是深绿色的,用毕后须冷藏保存。大麻籽油与大麻间的关系常令人对其使用产生困惑,而实际上大麻籽油中不含(或无法检测出)四氢大麻酚成分,同时大麻籽油的使用也是合法的。大麻籽油的保质期为 12 个月左右。

荷荷巴油: 一种液体植物蜡,它和人类皮脂扮演的角色非常接近。因此,在头发以及皮肤护理方面荷荷巴油的作用非常突出。它对问题肌肤作用显著——不会使皮肤产生粉刺,同时可以软化舒缓干燥肌肤。荷荷巴油非常稳定,其保质期可达 3~5 年。

藤黄果脂: 一种坚硬易脱落的油脂,与其他油类或原材料混合,可以治疗皮肤干燥、受损、发炎等问题。它是可可脂很好的替代品,保质期为 18~24 个月。

杧果脂: 一种黏稠滋润的油脂,可为皮肤补充水分并软化角质。它可以缓解和减少皱纹,因此常被用于制作抗衰老产品。它可以和乳木果脂相互替代使用,保质期为 18~24 个月。

白芒花籽油: 它的保质期很长,同时可以延长所在护肤品中其他油脂和成分的保质期。白芒花籽油可以为皮肤和头发补充水分，同时软化肤质和发丝。它是荷荷巴油很好的替代品，保质期约为36个月。

苦楝油： 一种气味浓郁且功能强大的油脂。可用于治疗痤疮和牛皮癣等皮肤问题，还具有抗菌、消毒和杀灭寄生虫的功效，同时可以驱除虱子、扁虱、蚊子等害虫。因为它的气味浓郁，所以使用时用量通常都较小。对于孕妇和哺乳期的妇女，使用含苦楝油的产品前，最好先咨询一下医师。苦楝油的保质期一般为18~24个月。

橄榄油： 它是一种很多护肤品配方中都会用到的油脂，适用于大多数肤质。在超市中，我们可以买到从深绿色特级初榨到浅色精制等各个级别的橄榄油。对于在本书制作方法中所提到的橄榄油，选用任意品种均可。有一点需要说明的是，一些品牌的轻橄榄油在生产过程中为了降低成本而掺入了菜籽油，并且保存状况不佳。这种油脂也可以用于制作手工皂，但是可能会使手工皂的颜色偏黄并容易腐败。而专用于制作手工皂的高品质橄榄油的效果则会完全不同。橄榄油的保质期为12个月。

米糠油： 多用于眼霜和精华液配方，它可以帮助减轻黑眼圈和眼部浮肿。米糠油也是洗发皂和许多头发护理配方的重要成分，保质期大约为12个月。

玫瑰果油： 抗衰老首选油脂，可以帮助平滑和消除皱纹，促进皮肤再生和去除疤痕。它的质地轻薄，不油腻，而且吸收快，不会让皮肤有黏腻的感觉。玫瑰果油需要保存在阴凉处或者冰箱内，保质期为6~12个月。

芝麻籽油： 一种中等密度的油脂，富含维生素E，对干燥的皮肤很有好处。芝麻籽油的保质期为12个月。

乳木果脂： 富含维生素A和E，是干燥受损皮肤的最佳选择。未经提炼的乳木果脂气味强烈，会令人感觉不适。如果你不喜欢这种气味，制作时使用未添加漂白剂和其他化学品的精炼乳木果脂代替即可。乳木果脂在使用过程中要避免极端的温度变化，也不要使它的温度过高，否则它会变成颗粒状。乳木果脂的保质期为12~18个月。

葵花籽油： 一种质地轻薄、不易使皮肤产生粉刺的油脂。它富含卵磷脂及维生素A、D和E。葵花籽油是改善皮肤受损或老化症状最有效的油脂之一，其保质期为9~12个月。

甜杏仁油： 适用于大多数皮肤类型，富含脂肪酸，具有抗炎功效，可以软化肌肤、改善发质、促进头发生长。它还可以作为按摩油或浴后护肤油使用，保质期约为12个月。

琼崖海棠油： 高品质未经提炼的琼崖海棠油有一种独特、厚重的气味。如果你对坚果过敏，请在使用这种油脂前咨询医生。它在对抗疤痕、疮疡、妊娠纹等多种皮肤问题上效果显著，且抗菌性能突出，因此多被用于治疗痤疮。此外，它具有很强的抗炎性能，是肌肉镇痛药膏的主要成分。琼崖海棠油的保质期为12~18个月。

其他材料

花材植物浸泡油自身具有非常强大的功效，我们也可以将它们制成药膏、手工皂、乳液、面霜等其他产品使用。在制作过程中可能用到的其他材料已在下面列出，大部分材料可以在杂货店或食品店买到，一些特殊的材料则需要通过网络商店购买。

紫草根粉：一种植物染料，可用于为家庭自制的护肤品染色。通过改变用量，你可以得到从浅桃红色到宝石红的不同色彩。在手工皂中，较强的碱性使紫草根粉呈现紫色。孕妇在使用紫草根粉前请咨询医生。

芦荟凝胶：一种提取自芦荟叶的透明黏稠凝胶，对于皮肤过敏、烫伤及蚊虫叮咬有很好的效果。可以在当地的药店或杂货店的防晒用品区找到芦荟胶，大多数绿色食品商店也有出售。即使是纯天然品牌的芦荟凝胶中也会加入防腐剂，但这些品牌一般不含有染料或其他添加剂。本书方法中使用的是比较黏稠的芦荟胶，如果你使用的芦荟胶质地稀薄，可以在制作过程中减少它的用量，而最后制作出的产品质地可能也会有一些差异。

胭脂树籽粉：根据用量的多少，可以将手工皂或其他化妆品染成黄色或橙色；在配方中和油脂混合使用效果更好。

竹芋粉：一种白色粉末，可用于配方中多余油脂的吸收。一般在超市或食品店的无麸质食品柜台可以买到竹芋粉，如果买不到，大多数配方中都可以选用玉米淀粉来替代。

小苏打（即碳酸氢钠）：一种常见的烘焙原料。它可以软化水，所以是浴盐中的重要添加剂。将它和柠檬酸混合使用，可以用来制作发泡浴盐。它和食醋配合使用，则是一种廉价无毒的家用清洁剂。

蜂蜡：一种由蜜蜂生产的、有淡淡蜂蜜香味的蜡状物。它的加入可以使面霜变得厚重，帮助药膏和保湿块等凝固。它具有软化皮肤的功效，可以帮助皮肤保持湿润。

甜菜根粉：在制作乳液或面霜时，甜菜根粉可以很好地溶解在配方的水相中。而在制作润唇膏时，甜菜根粉的溶解度不高，并会产生"沙粒感"。在手工皂中，甜菜根粉会呈现出从漂亮的粉色直至令人情绪低落的黄褐色的色彩变化。

小烛树蜡：它是供素食主义者使用的，是蜂蜡的替代品，利用小烛树（一种小型灌木）的叶子制作而成。无须使用等量的小烛树蜡替代配方中的蜂蜡，大概只需要比蜂蜡的一半多一些。例如，如果一个配方中需要使用5克蜂蜡，那么替代时只需3克小烛树蜡即可。小烛树蜡气味强烈，这种气味有时会被带到最终的产品中。含小烛树蜡的产品通常比用蜂蜡制作的产品更加有光泽。

橄榄皂：一种温和多用途的液体皂，可以用于皮肤、头发的清洁配方，在很多超市和食品店均有销售。

小球藻：一种单细胞的藻类，是一种天然的皮肤营养品。它可以将润唇膏或者手工皂染成浅绿色。

柠檬酸：一种天然的晶体粉末，来自于果糖的发酵产物。在浴盐配方中，它常和小苏打一起使用，使得浴盐在入水后产生一种有趣的起泡效果。柠檬酸通常可以在食品店或杂货店的罐头售卖区找到，同样我们也可以在网络商店以低廉的价格购买。

黏土：可以制造出一系列富含矿物质的天然色彩，包括高岭土（白色和玫红色）、膨润土（灰色）、法国绿石泥（绿色）、寒武纪黏土（蓝色）和巴西黏土（黄色、紫色、红色和粉色）。黏土可以吸附油脂和污渍，所以是制作面膜、爽身粉及除臭剂等非常好的原料。此外，由于色彩持久不易褪色，它们也是手工皂和其他化妆品非常好的染色剂。

乳化蜡：它使乳液的制作变得非常容易。乳化蜡可以从植物、动物或者石油中提取，因此请仔细阅读购买到的乳化蜡的产品描述。"NF"是指经美国国家药典认可的，这也是本书的配方中所使用的乳化蜡。如果你所使用的是不具有"NF"标志的普通乳化蜡，那么效果可能会不同。

泻盐：通常在沐浴时使用，用于减轻肌肉酸痛或者作为去除死皮的磨砂膏。科学研究已经证实，沐浴时人体可以通过皮肤吸收镁和硫酸盐等泻盐中对人体有益的成分。在当地药店可以买到泻盐。

精油：通过蒸馏的方法，从花朵及植物的其他部分中浓缩提炼得来。提炼少量的精油需要使用大量的植物花材，由于植物栽培生长的巨大花费，因而生产的精油特别昂贵。精油的作用被过度夸大，因此常常被过度使用。本书配方中使用精油，通常是为了利用它的香气或增强产品的效果。本书的观点认为，对整株植物加以利用能带给人体的好处，远远优于提取出的一小瓶精油。

蜂蜜：一种来自蜂巢的奇妙产品。它具有天然的抗菌特性，对难以愈合的伤口或皮肤损伤有显著效果。它可以直接使用，或者浸泡其他植物制成软化肤质的洗面奶。总之，它可以帮助改善季节性皮肤过敏、溃疡等许多皮肤问题。

苦楝树粉：来源于一种产自印度的常青树。它是一种有效的杀虫剂和驱虫剂，孕妇在使用前请咨询医生。

燕麦：帮助缓解皮疹和皮肤炎症。大多数食品店都有普通燕麦和适合过敏人群食用的无麸质燕麦销售。

海盐：可以在大多数食品店的烘焙专柜买到。我经常购买粗海盐制作磨砂膏和浴粉，需要更细的粉末时，我会用电动咖啡研磨机将它打碎。

硬脂酸：蔬菜和动物脂肪中的天然提取物，可进一步加工成为白色片状蜡。它的加入可以使面霜和洗液变得厚重黏稠。我发现在用蜂蜡制作面霜时，如果没有添加乳化剂，加入硬脂酸对于增加面霜硬度效果特别显著。

向日葵蜡：素食主义者用于替代蜂蜡的另一个选择。它具有非常强大的固着力，所以你只需一小点儿就可以替代配方中的蜂蜡。它没有任何气味，在不加其他天然染色剂的情况下，它的存在会使最终的产品呈现出亮白色。

蔬菜甘油： 一种透明、清香的液体，可以用于皮肤的软化和保湿。它还可以用于制作不含酒精的植物药酊。爽肤水中加入少量蔬菜甘油会缓解皮肤干涩，但过量加入会令皮肤感觉黏腻。

醋： 一种酸性液体，也是常用的止血剂，可用于发质和身体护理、家庭治疗及制作天然清洁剂。在皮肤、发质护理的配方中，可以使用高质量的苹果醋，如果是家庭清洁的配方，使用白醋即可。

洗涤苏打： 用碳酸钠制成，在很多杂货店的洗衣用品区都能买到。它常用于家庭自制洗衣粉的配方中，可以将衣物彻底清洁。

金缕梅萃取液： 一种抗炎止血剂，可以帮助调节和收紧皮肤。它对于静脉曲张、痔疮、擦伤和皮疹（例如接触毒藤引起的皮疹）有特效。可以在当地药店买到，一般放置在外用酒精附近。

替代品

严格按照本书的配方制作护肤品，可以得到品质最佳的产品。但是有时候，由于对原料过敏、个人偏好以及原材料无法采购等问题，我们没办法严格按照配制方法去做。有的时候，你可能想要向配方中加入一些自己的想法，或者按照自己的想法制作一种全新的产品。那么这个时候，下面的这些小贴士会在你进行原料替换时提供帮助。有一点需要注意，在一个配方获得成功能够顺利应用之前，往往要进行大量的尝试和实验。

如果你无法买到配方中使用的油脂，可以用一种成分类似的油脂代替。大麻籽油是一种黏稠、滋润的油脂，对皮肤非常有好处。酪梨油与它的成分类似，对皮肤也有类似的作用，是大麻籽油很好的替代品。如果这两种你都很难买到，那么也可以使用橄榄油作为替代品。几乎所有的液体油脂都可以在配方中相互替代，尽管它们的作用不尽相同。当一种替代品无法实现产品想要的效果时，对它进行记录，以避免下次制作时发生类似的情况。

乳木果脂和杧果脂的成分类似，常相互替代。藤黄果脂和可可脂均质地坚硬，是彼此的替代品。当使用固体油脂替代液体油脂时，通常不需要原配方中那么大的量。例如，如果一个配方中需要使用50克乳木果脂，当用可可脂代替时，一般只需要使用40克，甚至更少。操作时可以一点点地加入并仔细观察它的作用和变化。在制作时如果感觉某种原料的量少了，都可以再多加入一些。

椰子油在24摄氏度以上就会快速熔化，所以它一旦与皮肤接触就会立即变成液体，因此本书将它归类为液体油脂。在手工皂配方中，巴巴苏仁油是替代椰子油的最佳选择。而在润唇膏、乳液和药膏的配方中，可以使用巴巴苏仁油或其他液体油脂（如葵花籽油、橄榄油）替代它。

素食主义者以及不能使用蜂蜡的人，可以用小烛树蜡或向日葵蜡作为替代品。但是要记住，这种替代不是 1：1 的等比例替代。当使用小烛树蜡时，只需要蜂蜡用量的一半多一点即可；而用向日葵蜡代替时，大概只需要使用蜂蜡用量的¼。这个替换公式只是作为指导的一个大概替换比例，具体使用时还要进行实验摸索。

10 克蜂蜡相当于 5~7 克小烛树蜡或 2~4 克向日葵蜡。

在不同的供应商之间，同一种原料的质量、质地等性能变化都比较大，有时甚至同一批产品之间也会有差异。当你对原料在配方中的作用和感觉越来越熟悉时，就会慢慢意识到什么时候需要对原料进行调整，甚至寻找到更为大胆的替代品。

保质期与抗氧化剂和防腐剂

自己制作天然护肤品的好处之一就是可以避免人工合成材料和防腐剂对人体健康的潜在危害。有一利必有一弊，自制的护肤品没有从商场购买到的护肤品那么长的保质期。

保质期

本书中配方的保质期范围都非常宽泛，主要取决于以下几点：原材料的新鲜度、设备的洁净度、成品的储存方式和是否使用了含水的原料。

不含水的产品（比如润唇膏、药膏、香膏、保湿块、浴盐和磨砂膏等）的保质期都比较长，而含水的产品（如乳液和面霜）的保质期则相对较短。一些油脂的保质期相当短，如葡萄籽油只有 6 个月，而用它制作的护肤品的保质期也就会很短了。而与此相反，荷荷巴油非常稳定，可以在 3~5 年内都保持新鲜状态，当它与蜂蜡一起使用时，制成的护肤品的保质期甚至可达 5 年以上。

抗氧化剂

油基护肤品不会发霉或滋生细菌，但它们会腐臭。当它们散发出难闻的气味时，通常说明已经过了最佳使用时间。我们可以向产品中加入抗氧化剂以减缓其腐败的速度，但无法使腐败完全停止。维生素 E 和迷迭香精华是常用的两种抗氧化剂。

维生素 E 很常见，通常有胶囊和液体两种形式，它还具有护肤和清除疤痕的功效。在润唇膏、护肤霜及其他类似的配方中加入一个胶囊的量或 1% 比例的维生素 E，有助于延长其保质期。

迷迭香精华是用超临界二氧化碳流体萃取迷迭香得到的，是与迷迭香精油完全不同的物质。它可以用于防止油脂酸败，只要在配方中按照 0.1% 的比例添加即可起到作用。为了最好地保持其抗氧化的效果，不要将迷迭香精华、蜡及黄油混合熔化。在制作过程中要等到制作的护肤品慢慢冷却后再向其中加入迷迭香精华。我们也可以向一些易变质的油脂中加入迷迭香精华以延长其保质期，例如大麻籽油、玫瑰果油和葡萄籽油等。

虽然维生素 E 和迷迭香精华可用于减缓油脂的氧化，但由于它们不具有杀菌的功效，所以并不能用作防腐剂。

防腐剂

水基配方，例如乳液和面霜，可以为霉菌和细菌提供理想的生长环境。所以在制作这类产品时，请尽最大可能保证整个过程的完全清洁。在制作过程中使用的所有器具都必须消毒，可以将它们放入洗碗机中消毒，也可以在沸水中煮 10 分钟。

花草茶浸剂会缩短我们制作的乳液或面霜的保质期，这就是我经常使用花草浸泡油代替花草茶浸剂的原因。

如果你不想在手工制作的洗剂或面霜中加入防腐剂，那么就减少每次的制作量，并且将它保存在冰箱中，保证能在两周内用完。这样比较适合我们自己使用，当我们把护肤品送给别人做礼物或者出售时，通常都会希望保质期能更长一些。

由于消费市场的需要，一些公司已经能够从自然界中提取出防腐剂。现在仍然有很多人在进行天然防腐剂的实验，其中一些可能比人工合成的防腐剂具有更好的防腐效果。这样我们就能够尽可能地满足那些既希望护肤品保持纯天然，同时要求更安全、品质更高的公众。

一些来自自然界的防腐剂

忍冬花提取物和山杨树皮提取物合剂是一种经欧盟有机认证的液体防腐剂，它主要来自萝卜根部发酵后的滤液、忍冬花和山杨树皮。在本书中介绍的乳液和面霜制作过程中，当产品的温度降低至 50 摄氏度以下后，即可向其中加入 2~3 克忍冬花提取物和山杨树皮提取物合剂并搅拌均匀。此外，向产品中额外加入 3%~10% 的合剂还能起到抗痘的作用（例如，当配方中所有材料的总重为 100 克时，可以向其中加入 3~10 克这种天然防腐剂以增加抗痘的功效）。

亮肽抗菌液提取自乳酸菌发酵产物，它符合欧盟《化学品注册、评估、许可和限制》（简称"REACH"）法规的要求，且不含水杨酸。在本书中介绍的乳液和面霜的制作过程中，当产品的温度降低至 40 摄氏度以下后，即可向其中加入 4 克亮肽抗菌液并搅拌均匀。

白杨木树皮植物抑菌剂是一种水溶性的粉末，不含或含有极低的刺激性。它不含转基因物质，符合欧盟 REACH 的要求，同时也可以用作皮肤调节剂。在本书中介绍的乳液和面霜的制作过程中，当产品的温度降低至 60 摄氏度以下后，即可向其中加入 2~3 克（1~1.5 茶匙）白杨木树皮植物抑菌剂并搅拌均匀。

一些护肤品的手工制作者可能更喜欢在他们的产品中加入效果更好的合成防腐剂，这也是完全没有问题的。一瓶含有 1% 合成防腐剂的洗剂，必定比从商场购买的含有各种人造成分的护肤品对人体健康要安全得多。最终是否在产品中使用合成防腐剂、天然防腐剂或完全不添加防腐剂，则完全取决于读者自己。

需要用到的设备

制作天然护肤品时，我们并不需要用到很多奇特且昂贵的机器。我们所使用的大部分设备都可以在厨房中找到，或可以很方便地买到。

手动搅拌器——本书中介绍的乳液、面霜及身体乳都是使用便宜的手动搅拌器制作出来的。

当然使用台式搅拌机（厨师机）也完全可以。用浸入式搅拌法和普遍的标准搅拌法制作出来的产品最终会有一点点差别。

电动咖啡研磨机或研钵研杵——在一些配方中，我们需要把干燥的植物体和花朵磨碎或磨成粉末。一台便宜的电动咖啡研磨机或者更加传统的研钵研杵就能将这个工作完成得非常好。

细孔筛——用于干燥的花草粉末过筛，以及过滤浸泡油和花草茶。我通常会准备两个细孔筛备用，一个用于干燥材料的过筛，一个用于过滤液体。

玻璃罐头瓶——在我看来罐头瓶是不可或缺的。它们质地坚硬、耐热，同时侧面还有相应的刻度标记。最小的 125 毫升的罐头瓶是乳液和软膏等的完美储存容器。250 毫升和 500 毫升的罐头瓶可以用来制作浸泡油、花草茶或储存药草。

电子秤——我们可以用体积来测量材料的用量，但是总不如用重量测量那么精确。为了保持前后一致，电子秤就是必要的了。我们通常可以在大型仓储超市的厨房用品区买到价格合理的电子秤。我想可能并非所有人都能立刻买到电子秤，所以在本书介绍的配方中，我在标注重量用量的同时标注了体积用量。但是如果要制作手工皂，电子秤就是必要的用具，因为碱液和油脂的用量必须精确匹配，以确保能够刚好反应完全，制成手工皂。

双层锅及其替代品——在加热蜂蜡或其他油脂时，双层锅或者类似的替代品是十分必要的。可以用这种锅对原材料进行间接加热，从而尽可能少地损害其有效成分，同时避免发生火灾。

如果厨房里没有双层锅，你大可不必跑出去买一个，而完全可以自行制作一个替代品。将需要加热或熔化的油脂放在罐头盒或其他可以用于加热的容器中（当我们要处理不容易清洗的油脂材料时，空的金属罐头盒也是非常好的容器），再将容器置于一个装水的平底锅中，水深 2.5 ~ 5 厘米。按照配方要求的时间将平底锅放在炉子上加热，或者直至材料熔化即可。

搅拌碗、量杯等——在手工制作护肤品的过程中，我们会用到各种各样的搅拌碗、量具及其他工具等。

这个时候也可以使用手边平时使用的烘焙用具，不过有时用后会有残留，比如蜡质的残渣或者精油的气味等都不容易去除。我有一套专用的护肤品制作工具，包括一个玻璃搅拌碗、一个刮刀以及一组量杯和量勺。这样的话如果我在下午使用一种气味强烈的精油制作了一瓶乳液，晚餐的时候我就不至于闻到气味类似的土豆泥。

小型食品加工机——我有一个小型食品加工机，它是大约 16 年前别人送给我的礼物。尽管我经常使用，但至今它仍然能够正常工作。这个工具可以用来打碎新鲜的花材以及把各种原材料搅拌均匀。

如何制作方便使用的块状蜂蜡

目前我们可以在网络商城买到方便使用的片剂蜂蜡，但大多数本地市场出售的都是 450 克或者更大尺寸的块状蜂蜡。如果你曾经尝试过，就会知道磨碎大块蜂蜡是一项艰难且令人沮丧的工作。

为了测量方便，我们通常将块状的蜂蜡放在大的金属罐头盒中或者耐热玻璃罐中。罐头盒使用后可以丢弃，因此可以减轻清洗的工作量；而玻璃罐有出水口，这样一来，蜂蜡熔化后就更容易倾倒出来。

将罐头盒或玻璃罐放入一个水盆中，盆里有几厘米深的水。我们之所以用"双层锅"间接加热蜂蜡，是因为直接加热蜂蜡有发生火灾的危险。

将水盆放在炉子上，用小火加热，熔化蜂蜡，整个熔化过程大约需要一个小时。加热过程需要密切关注，并经常检查以避免水烧干。

当蜂蜡在火上加热熔化时，在饼干烤盘上铺上羊皮纸（或冷冻纸，光面向上）。请确保纸铺得非常平，否则蜂蜡倒在上面后就都流到一起了。

蜂蜡熔化后，将它从热水浴中取出，向纸上滴蜂蜡液滴，并令其冷却。不需要将蜂蜡滴得像商品中出售的蜂蜡片那样大小完全一样，比起大块的蜂蜡，这样的蜂蜡滴片使用起来已经非常方便了。

在制作过程中，可能需要多次把蜂蜡放回到加热水盆中继续熔化，直到整块蜂蜡完全熔化为止。这是一项非常需要耐心的工作，不过每次都能做出很多蜂蜡滴片，供我们使用很久。

如何通过体积测量蜂蜡

使用电子秤称量配方中所需蜂蜡的重量是最好的方法。当没有电子秤时，按照如下方法根据体积测量蜂蜡也是比较准确的。

将磨碎的蜂蜡、蜂蜡滴片（上一段提到过）或者购买到的蜂蜡片剂紧紧按压在量勺里。为了按压后取出方便，可以先在量勺里喷一些烹饪喷雾剂。紧紧地按压蜂蜡，以使小块的蜂蜡都粘在一起，并压成勺子的形状，最后我们会得到一些圆顶状的小蜂蜡块。如果用标准量勺按照上述方法制作蜂蜡，得到的蜂蜡块每块约重 10 克。

另一个通过体积测量蜂蜡的方法是将蜂蜡熔化并倾倒入一个标准量勺中，用这种方法得到的一量勺蜂蜡大约重 12 克。

准备时间

本书中的一些配方制作起来相当迅速，而另一些则需要一些准备，需要时间和耐心。对于花材，需要耗费数小时、数天甚至数周才能将它们的有效成分释放到水、醋或油脂中。

说起来这有点儿类似烘焙。的确，把原材料放到一起混合比较容易，而从头开始使用新鲜健康的食材、饱含爱的关怀制作出的蛋糕则是更棒的食物，在这期间时间和努力的付出都是值得的。

人们应当享受手工制作的整个过程。我们会看到每个阶段慢慢展开，每种材料转变成完全不同甚至令人惊异的新事物。只要有可能就让你的孩子参与到制作过程中来。他们可以帮忙，同时和你分享制作出对自己、家庭和环境有益的新产品时的这份满足感。

无添加天然草本护肤品

自制护肤品时，通常会避免使用在商场里购买到的合成化学品和防腐剂。

在这一章中，我会教给大家自己制作乳液或面霜的秘诀，教会大家如何利用花园里的玫瑰、后院里的一小把蒲公英或者在当地农场里买到的一束向日葵，制作既美观又效果显著的护肤品。

这些简单明了的配方都非常容易操作，也可以利用读者当地的植物资源进行个性化制作。我们可以把做好的护肤品送给身边的朋友，这将是非常棒的礼物。

蜂蜜玫瑰燕麦洁面乳

　　这款洁面乳为无皂配方，主要原材料包含具有抗皱功效的玫瑰果油、具有舒缓功能的玫瑰花瓣及帮助皮肤再生的蜂蜜，是干燥、损伤和老化皮肤的理想护肤品。洁面乳中还加入了碾碎的燕麦，能够比较温和地去除暗沉剥落的老化角质层，洗净后皮肤柔软洁净。每天坚持使用可使皮肤光滑滋润。

制作量：

120 毫升

原材料：

2 汤匙（14 克）燕麦片

¼ 杯（2 克）干燥的玫瑰花瓣

¼ 杯（60 毫升）原蜜

1 茶匙玫瑰果油

　　用电动咖啡研磨机或者研钵粗略地研磨燕麦和干燥的玫瑰花瓣，然后将磨碎的燕麦和花瓣转移到一个小碗里，与蜂蜜混合。最后加入玫瑰果油并不断搅拌，直至完全搅拌均匀。

　　使用时可以用勺子舀一小勺置于掌心，然后将其涂在面部和颈部并轻轻按摩。然后用温水和毛巾洗净，并轻轻拍干水分。

　　使用时请注意不要让罐子里的洁面乳沾水，这样它的保质期可达 1~2 个月。一段时间后，洁面乳中的蜂蜜可能会分层，遇到这种情况时只需在使用前快速搅拌均匀即可。请密封保存，并存放于阴凉处，避免阳光直射。

　　小贴士：在这款洁面乳中使用的玫瑰果油是抗衰老的重要成分，但由于价格较高，如果超出制作预算，可以使用甜杏仁油、大麻籽油或葵花籽油代替，这几种油脂均具有补水的功效。

洋甘菊蜂蜜洗面奶

这个洗面奶的名字听起来可能有些奇怪，给人一种黏糊糊的感觉。用天然蜂蜜代替手工皂洁面，对所有皮肤类型来说都有很好的平衡、清洁和修复作用。在洗面奶中加入富含营养成分的花草会让它变得更好。之所以在这个配方中选用洋甘菊，是因为它具有抗炎和类似可的松的药效。洋甘菊的加入使这款洗面奶适用于面部红肿发炎的人群。每天使用一到两次可以帮助舒缓敏感肌肤。

制作量：

¼ 杯（60 毫升）

原材料：

⅛ 杯（5 克）新鲜洋甘菊

¼ 杯（60 毫升）天然蜂蜜

将洋甘菊花朵放入一个小玻璃广口瓶中，倒入蜂蜜，然后搅拌。盖好瓶盖并放置 1~2 周，使花朵中的营养成分充分溶解到蜂蜜中。为了更好地保存其有效成分，请不要加热以提高浸泡溶解速度。

浸泡足够长的时间后，你可以选择将蜂蜜过滤，不过操作起来比较麻烦和脏乱。同样，你也可以带着浸泡的花朵直接使用这种洗面奶。

使用时，将浸泡好的蜂蜜涂抹在脸部和脖子上，停留一分钟。如果你喜欢，也可以停留更长的时间。

将一条热毛巾盖在脸上并保持 15~20 秒，使脸上的蜂蜜软化。用毛巾轻轻擦掉蜂蜜，并用清水洗净毛巾。最后用温水冲洗面部，并涂上你喜欢的面霜。

请将这款洗面奶存放在凉爽阴暗处。每次使用前请检查一下，一般来说只要花朵都被蜂蜜覆盖和包裹着，洗面奶可以保存数月。

小贴士：也可以使用其他花朵代替洋甘菊，比如玫瑰（会将蜂蜜染成红色）、金盏花（具有全面舒缓作用）以及紫罗兰（有助于改善干性皮肤的肤色）。

紫罗兰洁面乳

紫罗兰的舒缓及补水功效是这个配方的主要特点。这款洁面乳是对皂类洁面乳过敏的人群的理想选择。芦荟可以舒缓、保护娇嫩的肌肤，金缕梅萃取液能够温和地去除皮肤表面的污垢和杂质，同时也可避免过度去除水分。每天使用紫罗兰洁面乳 1~2 次，可以帮助软化和清洁肌肤。

制作量：

120 毫升

原材料：

½ 杯（6 克）新鲜或冷冻的紫罗兰花（蓬松状态）

½ 杯（120 毫升）沸水

2 汤匙（30 毫升）芦荟凝胶

3 汤匙（45 毫升）金缕梅萃取液

制作紫罗兰茶

将紫罗兰花放入一个耐热的罐子或者小碗里，倒入沸水并浸泡大约一小时，水会变成浅蓝色。在本书中介绍的大多数配方中都会用沸水浸泡花朵或其他植物体，但对于紫罗兰来说，沸水可以让它的颜色释放得最漂亮。将紫罗兰花朵挤压过滤后，滤出的紫罗兰茶的颜色也会更深一些。取出 3 汤匙紫罗兰茶使用，剩余的部分可以冷冻留待以后使用。

制作紫罗兰洁面乳

将紫罗兰茶、芦荟凝胶以及金缕梅萃取液混合，即为紫罗兰洁面乳，它的颜色也会由蓝色变为淡紫色。将洁面乳倒入一个小玻璃瓶或玻璃罐中，置于冰箱中冷藏保存，保质期大约为两周。

使用时，用棉球蘸少许洁面乳擦洗面部，然后用清水洗净，视需要可以涂少许护肤霜。

小贴士：三色堇、角堇和野生三色紫罗兰和紫罗兰都是近亲，对皮肤的作用和效果也类似。如果你在当地买不到紫罗兰，那么可以用上述 3 种花材代替配方中的紫罗兰。

薰衣草橄榄皂洁面乳

这款产品将纯植物橄榄皂的清洁能力同薰衣草的皮肤舒缓性能结合起来为我们所利用。由于橄榄具有轻柔干燥的作用，所以这个配方特别适合油性或混合性肤质。薰衣草的葡萄籽油浸泡油不油腻，可以用来抵消皂类的刺激，而天然蜂蜜可用于对抗痤疮和其他敏感皮肤问题。每晚使用能够洗去白天面部堆积的污垢。洗脸后可以涂一层清爽的护肤品，例如葡萄籽百里香乳液（见第 85 页）。

制作量：

7~10 次的使用量

原材料：

1 汤匙（15 毫升）液体橄榄皂

1 茶匙天然蜂蜜

1 茶匙薰衣草葡萄籽油浸泡油（浸泡油的制作方法见第 17 页）

1 汤匙（15 毫升）水

1~2 滴薰衣草精油（增加薰衣草气味，选用）

天然防腐剂（选用）

将液体皂、蜂蜜和浸泡油放入碗里混合搅拌，由于蜂蜜的存在，皂液会转变为暗棕色。

将上述混合物倒入水中，并继续轻轻搅拌，直至混合均匀。如果需要的话，加入薰衣草精油和天然防腐剂，再搅拌一次。

由于这款产品以水为基材，所以它的保质期不会太长。如果在制作过程中不加入防腐剂，那么一次就不要制作太多。将成品保存在冰箱中，并在一周左右用完。

使用时，将半茶匙至一茶匙量的洁面乳倒入掌心中，用手指揉搓起泡。如果需要的话，可以加一点自来水。将泡沫轻轻涂在面部和颈部，要注意避开眼睛周围。用温水彻底洗净洁面乳，并用干净的毛巾将面部拍干。

小贴士：如果想具有更强大的对抗痤疮的效果，可以使用百里香浸泡油替代配方中的油脂。薰衣草精油也可以用茶树油代替。

清凉薄荷沐浴露

在炎热漫长的夏日,薄荷沐浴露可以起到清凉提神的作用。液体橄榄皂能够轻柔地洗去皮肤上的灰尘和污垢,芦荟可以软化肌肤,薄荷金缕梅浸泡酊剂可用于清凉皮肤。如果向配方中加入数滴胡椒薄荷精油,可整体增强配方的清凉感,起到更大的振奋精神的作用。但如果您的皮肤非常敏感,则不要添加上述精油。

制作量:

125 毫升

原材料:

1 汤匙(1 克)切碎或撕碎的薄荷叶(蓬松状态)

¼ 杯(60 毫升)金缕梅萃取液

2½ 汤匙(38 毫升)芦荟凝胶

2½ 汤匙(38 毫升)液体橄榄皂

胡椒薄荷精油(选用)

制作薄荷金缕梅浸泡酊剂

将薄荷叶放入一个小玻璃罐中,并倒入金缕梅萃取液。盖上罐盖剧烈摇晃后放入橱柜中保存,少则需 2~3 天,多则 2 周。而后过滤并取出 2½ 汤匙(38 毫升)使用。

制作沐浴露

将薄荷金缕梅浸泡酊剂和芦荟凝胶放入一个小碗中均匀混合,直至芦荟凝胶完全融入金缕梅萃取液中。加入液体橄榄皂,并继续轻轻搅拌均匀,即可制成沐浴露。

将制作好的沐浴露倒入瓶中保存。玻璃性状稳定,不容易发生化学反应,因此玻璃容器可以用于保存大多数家庭自制护肤品,而由于大多数护肤品都在浴缸和淋浴附近使用,所以塑料制品在使用过程中更为安全。

使用时,将少量沐浴露倒入掌心,双手揉搓至产生泡沫。也可以使用浴花制造更丰富的泡沫,以得到更好的清洁效果。将泡沫涂满全身,然后冲洗干净,清爽的感觉就会遍及你的肌肤。

连翘清洁爽肤水

　　春季常常能见到连翘盛开的灿烂的黄色花朵，这种花被认为具有抗痘和抗炎的功效。这款爽肤水中加入连翘花朵，具有显著的对抗皮肤发红的能力。金缕梅萃取液能轻柔地洗去皮肤上的灰尘和污垢，甘油可以使皮肤保持光滑水润，且不需要加入其他油脂。每天使用一到两次可以帮助控油及改善易生痤疮的肤质。

制作量：

120 毫升

原材料：

½ 杯（6 克）新鲜或冷冻的连翘花朵（蓬松状态）

½ 杯（120 毫升）近沸水

¼ 杯（60 毫升）金缕梅萃取液

¼ 茶匙甘油

制作连翘花茶

把连翘花朵放入一个耐热的杯子或搅拌碗中，倒入近沸水，浸泡 10~20 分钟，或直到水呈淡黄色为止。过滤并取出 ¼ 杯（60 毫升）待用。

制作连翘清洁爽肤水

将连翘花茶、金缕梅萃取液和甘油混合并搅拌均匀，然后倒入一个小玻璃瓶中。

洁面后，用棉球蘸取适量爽肤水，涂满面部。如果需要，可以再涂一些质地轻薄的护肤霜。

此款爽肤水如在阴凉处保存，可存放一个月。

小贴士：百里香是另一位"抗痘明星"，可以用来替代本配方中的连翘花朵。

蒲公英百里香食醋爽肤水与滋养液

蒲公英酊剂是一种能够有效应对痤疮的体内调节剂，它的作用机理是通过改善消化和肝功能减少痤疮。百里香含多种抑菌化合物，它所能抑制的细菌之中就包括可以引起痤疮的细菌。将这两种材料结合起来，可制成功能强大的浸泡醋。这种浸泡醋不仅可以外用，同时也可以内服，一茶匙的服用量就能很大程度地改善皮肤问题。少量天然蜂蜜的加入可以增加额外的抗菌作用，同时能够软化缺水的肌肤。

制作量：

375 毫升

原材料：

¼ 杯（5 克）切碎的新鲜蒲公英叶子、茎、根以及花朵

¼ 杯（5 克）切碎的新鲜百里香叶子、茎以及花朵

½ 杯（125 毫升）苹果醋

1~2 茶匙（5~10 毫升）蜂蜜（选用）

½~1 杯（125~250 毫升）水（用于稀释）

小贴士：如果无法取得新鲜的植物花材，可以用一半重量的干花代替。

制作浸泡醋

把切碎的植物放在一个小玻璃罐中，倒入苹果醋。如果罐子里的植物碎片较多，就多加一些苹果醋，直至把植物完全覆盖。轻轻搅拌后，用塑料盖盖紧罐口。如果你只有金属盖，那么先用几张蜡纸或者塑料薄膜盖在罐口，而后再盖上金属盖子，以避免醋酸腐蚀金属盖。

用力摇晃后，将其置于阴暗处浸泡 1~2 周，然后过滤。这种浸泡醋至少可保存一年。

当作为滋养液使用时，可将一茶匙浸泡醋与等量的天然蜂蜜混合服用，每天一次。如果正处于孕期、哺乳期或者正在服药，则需向医生咨询是否可以服用类似这样的含百里香的药剂。

制作浸泡醋爽肤水

将浸泡醋与水混合，用足够多的水稀释浸泡醋，使之涂在皮肤上时不会导致不适。如果你的皮肤特别敏感，那么就多加水来稀释。在冬天的时候你可能还需要加入一些天然蜂蜜以缓解皮肤的干燥。充分摇匀后，清楚地标明制作时间。将玻璃罐存放在阴凉处，避免阳光直射。这种浸泡醋可以保持新鲜状态长达数月。

洁面后，用干净的棉球蘸取稀释后的浸泡醋擦拭面部，然后自然晾干。如有需要，可以涂上质地轻薄的面霜。

罗勒玫瑰康普茶爽肤水

罗勒具有强大的抗炎功效，同时它也常被加入面霜中作为抗衰老成分。在这个配方中，将它和具有舒缓皮肤和清凉作用的玫瑰结合起来使用。康普茶是一种发酵茶饮品，看起来似乎是一种不多见的爽肤水成分。事实上，它已经显示出对皮肤的多种益处，作用类似于苹果醋。一些康普茶爽肤水的长期使用者的皮肤都明显呈现出更年轻和更光滑的状态。

制作量：

250 毫升

原材料：

1/4 杯（2 克）新鲜或干燥的玫瑰花瓣

1/4 杯（2 克）撕碎的新鲜罗勒

250 毫升康普茶

将玫瑰和罗勒放入一个玻璃罐头瓶里，倒入康普茶。

盖好罐盖，并将罐子放入冰箱中冷藏大约一周。而后过滤，并将滤液放回冰箱继续冷藏保存。

晚间洁面后，用干净的棉球蘸取爽肤水擦拭面部，然后涂抹保湿霜或乳液。康普茶爽肤水应储存在玻璃罐中，冷藏保存。保质期可达 1~2 个月。一旦发霉，则应立即弃去。

小贴士：可以使用具有舒缓作用的洋甘菊和具有促进皮肤再生功能的金盏花代替罗勒和玫瑰。

紫罗兰芦荟浸泡凝胶

这种舒缓凝胶可用于治疗轻微的创伤，例如晒伤、蚊虫叮咬、皮疹、皮肤干燥，或者小的划伤、割伤。芦荟和紫罗兰具有天然的皮肤舒缓和抗炎功效，如果将凝胶放在冰箱中冷藏，它又同时具备了清凉的作用，因此在处理轻微创伤时，常常效果更为显著。这种凝胶除了可以直接使用外，还可以加入到面霜或乳液的配方中，比如紫罗兰芦荟滋润霜（见第 92 页）。

制作量：

120 毫升

原材料：

½ 杯（3 克）新鲜的紫罗兰花瓣（蓬松状态）

½ 杯（120 毫升）瓶装芦荟凝胶

将花瓣和芦荟凝胶放入打汁机中彻底混匀。在打碎过程中会产生泡沫，这是正常现象。

混匀后，将紫色的凝胶用细孔筛过滤。此时需要用手指按压帮助过滤。不同品牌的芦荟凝胶的黏稠度有很大的差异，如果你使用的凝胶过滤起来非常困难，可在过滤时加入几滴水以加快进程。

制作好的紫罗兰芦荟凝胶可储存在玻璃瓶中，置于冰箱内冷藏保存，保质期可达数周或更长。将凝胶在冰格中冷冻，并将冰块放在冷冻袋中冰冻保存，可大大延长它的保质期，通常可达 3~6 个月。冷冻的凝胶也可以用来擦拭晒伤或发炎的皮肤，起到清凉、止痛和抗炎的作用。

➳ 图片见第 32 页。

小贴士：洋甘菊、金盏花和玫瑰可用于替代紫罗兰花瓣，效果也非常显著。

百里香天然蜂蜜面膜

这款面膜适用于发炎或有疤痕的皮肤。百里香是一种典型的抗菌祛痘植物，而天然蜂蜜可用于治疗和平缓各种炎症。在这个配方中加入琼崖海棠油，目的是利用它广为人知的对皮肤损伤和疤痕的修复能力。加入法国绿石泥可使制成的混合物更加均匀细腻，同时它还能吸出皮肤内的杂质。这款面膜使用后会令人感觉干净清爽，同时不会造成水分流失。

制作量：

1 次使用量

原材料：

1 茶匙干燥百里香叶子

½ 茶匙法国绿石泥

½~1 茶匙天然蜂蜜

¼ 茶匙琼崖海棠油

使用电动咖啡研磨机或研钵研杵磨碎百里香的叶子，然后用细孔筛过滤，最后大约可得到 ½ 茶匙百里香粉末。

将百里香粉末和绿石泥放入小碗中混合搅拌，边搅拌边加入蜂蜜和琼崖海棠油。如果你的皮肤是油性皮肤，则可以不加入油脂而加入更多的蜂蜜，最后会得到非常黏稠的膏体。

用手指在面部和颈部涂抹膏体，涂抹均匀后保持 5~10 分钟。蜂蜜使面膜的质地有点儿黏，如果不能涂抹得非常光滑，也没有关系。

清洗时取一条毛巾，用比较热（但很舒适）的水浸湿。而后将毛巾盖在面部和颈部，保持大约 30 秒，再擦掉面膜。重复多次，擦净皮肤上的所有残留物，再用清水洗净面部和颈部。

小贴士：配方中的法国绿石泥可以用高岭土或其他可用于皮肤护理的黏土代替。

干花面膜

因为能吸出皮肤中的污垢并具有深层清洁毛孔的功效，美容用黏土常用于制作面膜。我们可以尝试用喜欢的黏土和具有治疗、舒缓和抗菌作用的花材一起制作具备更多功效的面膜。读者可以参考下列配方，也可以参考第8~15页列出的花材特性，利用身边可以获取的花材，制作属于你自己的面膜。

想要将黏土制作成面膜，我们需要向其中加入一定量的液体，使之变成容易涂抹的膏状。对于干燥敏感的肌肤，我们可以选用补水的蜂蜜、牛奶或者芦荟，而对于油性或易生痤疮的肌肤，则可以使用金缕梅萃取液。

鼠尾草是一种具有干燥、抗菌作用的植物，用它制成的鼠尾草绿面膜特别适用于油性皮肤。可以向面膜中加入金缕梅萃取液，制成的面膜对去除黑头特别有效。

具有抗炎作用的矢车菊和具有舒缓作用的薰衣草可以和寒武纪蓝黏土混合制成漂亮的薰衣草蓝面膜。向其中加入芦荟后，制成的面膜特别适用于干性和混合性皮肤。也可加入金缕梅萃取液或水，这样制成的面膜适用于油性皮肤。

玫瑰花瓣粉末和高岭土混合可以制成可爱的玫瑰粉面膜，它具有止血、收敛的功效。向其中加入酸奶或牛奶，其中的 α - 羟基酸可以使制成的面膜具有软化角质的功效。

制作量：

大约2汤匙（17~20克）

原材料：

鼠尾草绿面膜

1汤匙（1克）干燥的鼠尾草

1汤匙（16克）法国绿石泥

薰衣草蓝面膜

1汤匙（3克）干燥的薰衣草花朵

1汤匙（1克）干燥的矢车菊花瓣

1汤匙（16克）寒武纪蓝黏土

玫瑰粉面膜

1汤匙（1克）干燥的玫瑰花瓣

1汤匙（16克）高岭土

水、金缕梅萃取液、牛奶、酸奶或蜂蜜按需要添加。

使用电动咖啡研磨机或研钵研杵磨碎干花材，直至得到很细的粉末。必要时使用细孔筛过滤。将过滤后的粉末和黏土混合均匀，然后转移至小罐中储存，保质期约为1年。

使用时，取少量置于掌心，加入数滴你选择使用的液体，混合均匀，直至成为糊状。在面部涂抹均匀并保持5~10分钟，而后用温水洗净。每周使用一次，或者有针对性地在皮肤的问题区域使用。

天然舒缓软膏

软膏通常使用植物油或蜂蜡制成，是一种用于皮肤的、柔软且容易涂抹的制剂。它们可用于治疗、舒缓和改善各种各样的皮肤和健康问题。

在这一章中，我分享了许多自己非常喜欢的软膏配方，例如再生玫瑰软膏（含有皮肤治愈功能的玫瑰果油，见第59页）、向日葵软膏（见第56页）。它们特别适合涂在干燥粗糙的区域，如膝盖、手肘和脚踝。

我们将学会如何将胡椒薄荷和松针组合制成软膏，按摩头部以缓解头痛；也将学会如何把薰衣草制成有香气的舒缓软膏，用于助眠。

当你按照配方制作并逐渐发现功效显著的软膏制作起来并没有多难时，可以查阅"制作你自己的软膏"章节，并将你创造出的护肤品与朋友和家人分享。

薰衣草椰子油蜂蜜软膏

软膏中的天然蜂蜜是帮助皮肤新生的完美成分，能使粗糙的皮肤变得光滑，尤其是干燥部位，比如手肘、膝盖和足部。椰子油的作用是补水和保护皮肤，薰衣草有甜蜜的气息，并具有舒缓的功效。第一次使用时，你会发现这款软膏比较黏腻，而且吸收缓慢。所以，我们可以在睡前薄薄地涂抹一层，这样当你醒来的时候就会发现肌肤变得非常柔滑。

制作量：

120 毫升

原材料：

¼ 杯（9 克）干燥的薰衣草花朵

½ 杯（100 克）椰子油

2 汤匙（20 克）蜂蜡（磨碎的或片剂）

2 茶匙（10 毫升）天然蜂蜜

薰衣草精油（选用）

使用快速浸泡法（见第 17 页）制作薰衣草椰子浸泡油并过滤，制作好的浸泡油可以保存 9~12 个月。

开始制作软膏时，将薰衣草椰子浸泡油和蜂蜡置于一个耐热容器（如罐头盒）中。可以使用干净的空罐头盒进行上述操作，以方便清理。将罐头盒放入装有少量水的平底锅中，将平底锅用小火加热，直至蜂蜡熔化。

从炉灶上取下容器，边搅拌边加入蜂蜜，整个搅拌过程需 3~4 分钟。将软膏静置 5~10 分钟固化，然后彻底搅拌数分钟。第二次彻底搅拌可防止蜂蜜从软膏中析出。

可向软膏中加入数滴薰衣草精油以增加其香味，然后用勺子将软膏转移到玻璃罐中保存。睡前将软膏涂抹在皮肤的干燥部位，醒来后皮肤就会变得柔软光滑。请将软膏保存于阴凉处，避免阳光直射，保质期为 6~9 个月。

小贴士：如果你不喜欢薰衣草，可以尝试使用洋甘菊或金盏花来替代，它们均具有舒缓作用。如果你对椰子油过敏，则可以使用葵花籽油、酪梨油或甜杏仁油替代。

向日葵软膏

将向日葵烘干，取出葵花籽后，剩下的黄色花瓣可以用于制作软膏。向日葵具有舒缓皮肤和消炎的作用，葵花籽油对于皮肤损伤有特效。将葵花籽油和向日葵花瓣组合使用，可以完美修复干燥皲裂的皮肤。

制作量：

180 毫升

原材料：

¼ 杯（5 克）干燥的向日葵花瓣

约 ½ 杯（120 毫升）葵花籽油

1½ 汤匙（15 克）已研磨好的或片状的蜂蜡

柠檬草精油或甜橙精油（选用）

将花瓣用葵花籽油浸泡（制作方法见第 17 页），完成后过滤掉花瓣。制作好的浸泡油可保存 9~12 个月。

制作软膏前，取 ½ 杯（120 毫升）之前做好的葵花浸泡油。如果体积不足，可以补充少量葵花籽油。将准备好的浸泡油和蜂蜡放入一个耐热容器中，再将上述容器放入平底锅中，并向平底锅中加入一定量的水（水深 2.5~5 厘米即可）。

用小火加热平底锅，直至蜂蜡熔化。

停止加热后可以加入 4~5 滴精油，使软膏气味芬芳。柠檬草精油和甜橙精油都是非常契合这款软膏的不错选择。

将软膏缓慢倒入容器中以避免产生气泡，晾凉后制作即完成。应注意储存于阴凉处，避免阳光直射。保质期为 6~9 个月。

小贴士：金盏花在帮助皮肤修复和愈合方面也有特效，可以用金盏花替代向日葵制作这款软膏。

再生玫瑰软膏

这款软膏利用的是玫瑰花瓣的皮肤舒缓功效和玫瑰果油的修复功效。乳木果脂富含维生素 A 和 E，对于风化或受损肌肤疗效显著。甜杏仁油含多种有益脂肪酸，并可帮助软化肌肤。你可以在睡前将这款软膏涂抹在眼部周围、笑纹、前额或其他你需要减少皱纹、减缓老化和淡化疤痕的部位，并轻拍以促进吸收。

制作量：

180 毫升

原材料：

2 汤匙（1 克）压碎的干燥玫瑰花瓣

大约 ¼ 杯（60 毫升）甜杏仁油

¼ 杯（35 克）乳木果脂

1½ 汤匙（15 克）蜂蜡（磨碎的或片剂）

1 汤匙（15 毫升）玫瑰果油

天竺葵精油或玫瑰精油（选用）

用甜杏仁油浸泡玫瑰花瓣（制作方法见第 17 页），浸泡完成后过滤掉花瓣。制作好的浸泡油可保存数月。

将准备好的玫瑰浸泡油、乳木果脂和蜂蜡放入一个罐头盒或其他耐热容器中。由于玫瑰果油对温度比较敏感，我们晚一些时候再添加它。将上述容器放入平底锅中，并向平底锅中加入一定量的水（水深 2.5~5 厘米即可）。用小火加热平底锅，直至蜂蜡熔化。

从炉灶上取下容器并慢慢冷却，而后边搅拌边加入玫瑰果油。此时可加入 4~5 滴天竺葵精油或玫瑰精油使软膏气味芬芳，也可以不添加精油，使软膏保持无味。

将制作好的软膏倾倒入 3 个 60 毫升的金属盒或一个 180 毫升的罐头瓶中。应注意储存于阴凉处，避免阳光直射。保质期为 6~9 个月。

胡椒薄荷松针止痛软膏

这款软膏中的薄荷具有清凉作用，而松针对于轻度疼痛的止痛效果明显。琼崖海棠油是止痛软膏中非常好的添加剂，如果买不到，也可以使用更多的浸泡油代替它。薄荷浸泡油会为软膏带来淡淡的薄荷味，而胡椒薄荷精油带来的极度清凉作用会令软膏的治疗效果更加显著。当头痛时，可将这款软膏抹在太阳穴、前额、颈后以及两个肩胛骨之间，同时闭上眼深呼吸，有意识地放松面部、下颌和肩部的肌肉。

制作量：

120 毫升

原材料：

2 汤匙（2 克）压碎的干燥薄荷叶

2 汤匙（2 克）切碎的干燥松针

2/3 杯（160 毫升）葵花籽油或橄榄油

1 汤匙（15 毫升）琼崖海棠油

14 克蜂蜡

1/2 ~ 3/4 茶匙胡椒薄荷精油

将薄荷叶和松针用葵花籽油或橄榄油浸泡（制作方法见第 17 页），浸泡完成后过滤掉花瓣。制作好的浸泡油可保存 9~12 个月。

将 1/2 杯（120 毫升）浸泡油、琼崖海棠油和蜂蜡放入一个罐头盒或其他耐热容器中。将上述容器放入平底锅中，并向平底锅中加入一定量的水（水深 2.5~5 厘米即可）。用小火加热平底锅，直至蜂蜡熔化。

从炉灶上取下容器，边搅拌边加入胡椒薄荷精油，而后将该混合物倒入铁皮盒或罐头瓶中（小心烫伤）。

针对读者对不同软硬度的药膏的喜好，可采取下述做法。再次加热熔化做好的软膏，如果你偏好质地坚硬的药膏，则再加入一点儿蜂蜡；而如果偏好质地柔软的药膏，就再加入一些油脂。

如果你的疼痛在涂抹药膏后得不到缓解或更为严重，请立即咨询你的医师进一步检查。

应注意药膏需储存于阴凉处，避免阳光直射。保质期为 6~9 个月。

蒲公英去角质软膏

在指甲旁粗糙干燥的角质层上涂抹这款软膏，每日数次，能够软化角质层并加固甲床。蒲公英花朵可以极好地修复破裂受损的皮肤，而琼崖海棠油能治疗皮肤干硬已被广泛论证，但如果不易购买，也可添加更多的蒲公英浸泡油。

制作量：

56 克

原材料：

52 毫升蒲公英橄榄油浸泡油或蒲公英葵花籽油浸泡油（制作方法见第17 页）

7 克蜂蜡

1 茶匙琼崖海棠油

数滴薰衣草精油或其他喜好的精油（选用）

将所有原料放入一个耐热容器或废弃的罐头盒中。将上述容器放入平底锅中，并向平底锅中加入一定量的水（水深2.5~5厘米即可）。用小火加热平底锅，直至蜂蜡熔化，然后从火上取下容器。

可依个人喜好加入数滴精油。薰衣草可帮助治愈受损的皮肤，因此是个不错的选择。但如果你不喜欢它的气味，也可以选择其他气味的精油。将做好的药膏倒入小铁盒中，其保质期为6~9 个月。

每天在角质层和指甲周围涂抹按摩数次，或在需要时使用。

➙　图片见第 52 页。

小贴士：采摘蒲公英时，要注意其生长区域是否被化学品污染。采摘时请在花园中保留足够多的蒲公英供蜜蜂采食，它们是蜜蜂极其重要的早期食物来源。

制作你自己的软膏

前面我与读者分享了一些自己最喜欢的软膏，下面我将向大家介绍如何制作你自己的个性化软膏。

制作量：

113 克

基础配方：

103 毫升浸泡油（制作方法见第17 页）

14 克蜂蜡（素食主义者可使用7~9 克小烛树蜡代替）

查阅本书一开始介绍常见花材和植物特点的章节（见第 8~15 页），决定哪一种花材是你想要用来制作软膏的原料。你可以使用金盏花来治疗尿布疹，用香蜂叶来治疗唇疱疹，或用车前草进行急救，但也不要被这些介绍和建议所局限。

油脂的选择以最适合你的肤质为原则，或者也可以选择最容易购买到的油脂，例如橄榄油或椰子油。而后用选好的花材和油脂一起制作浸泡油。

你需要决定是否添加某种精油以增加软膏的香气，或利用精油的治疗作用增强软膏的功效。如果要制作婴儿、孕妇或哺乳期女性使用的软膏，请不要向其中添加任何精油。而对于普通使用人群，你可以向软膏中添加具有皮肤舒缓功效的薰衣草精油、具有抗菌功效的茶树精油或具有提神醒脑作用的胡椒薄荷精油。

最后，将油脂和蜂蜡放入一个耐热容器中，或为了清洗方便，可使用废弃的罐头盒。将上述容器放入加入少量水的平底锅中，制成一个隔水加热的双层容器。用小火加热平底锅，直至油脂和蜂蜡熔化在一起。

从火上取下容器，如需要，可加入某种精油，而后将制成的软膏倒入储存罐中。按照配方中的原料用量制成的软膏大约需要一个 120 毫升的密封罐来盛装。让软膏充分静置混合，并存放于阴凉处，避免阳光直射。保质期为 6~9 个月。如果你觉得制成的软膏质地过于柔软，可将它再次加热熔化并加入少量蜂蜡。相反，如果对你来说它过于坚硬，则在加热熔化后再加入一些油脂。

以上就是制作软膏的所有步骤，利用这个基本框架，你可以自己创造和衍生更多更好的制作配方和方法。

异国情调的身体乳和保湿块

身体乳和保湿块非常容易制作，并且是送给朋友和家人的完美礼物。

身体保湿块是以固体形式存在的，是一种类似于药膏或不含水的保湿霜的护肤品。它可用于涂抹在干燥的手部、肘部、足部和脚踝，效果非常好。如果你在户外工作或经常使用双手，你会发现身体保湿块对皲裂受损的皮肤有非常好的治疗作用。

身体乳与保湿块的成分类似，对于皮肤的治疗能力也非常接近。只是身体乳与保湿块相比具有更加轻薄和蓬松的质地。在晚间洗浴后使用身体乳，可以帮助我们的皮肤整夜锁住水分。

蒲公英身体乳

晚上睡觉前在皮肤上涂上薄薄的一层这种质地轻薄的身体乳，早上醒来后你会发现肌肤变得非常柔滑。身体乳通常比较油腻，所以极少的用量就会带来很棒的效果。这个配方中选用蒲公英，是利用其对抗皮肤干裂的显著效果。杜果脂能软化肌肤，并帮助肌肤锁住水分。但如果不易购买，乳木果脂也是很好的替代品。甜杏仁油富含健康脂肪酸，并能很好地被皮肤吸收，但如果你对坚果过敏，则可以用葡萄籽油替代。山鸡椒精油和柠檬草精油是制造清新柑橘香味的常用精油，当然你也可以选择自己喜欢的味道，或不使用任何精油。

制作量：

180 毫升

原材料：

56 克杜果脂

30 毫升蒲公英甜杏仁油浸泡油（制作方法见第 17 页）

20~30 滴精油（选用）

1/8 ~ 1/4 茶匙竹芋粉（选用）

将杜果脂加入一个耐热容器中，将上述容器放入平底锅中，并向平底锅中加入一定量的水（水深 7 厘米）。用小火加热平底锅，直至杜果脂熔化。过度加热会使杜果脂变成颗粒状，因此一旦其熔化，立即从火上取下，而后与蒲公英浸泡油混合并搅拌均匀。

将熔化并混合均匀的油脂倒入一个搅拌碗中，将其置于冰箱中冷藏 30 分钟，或直到其开始凝固为止。使用手持式搅拌器搅打油脂至其质地呈蓬松状态，并将碗壁上的油脂刮下来。

向混合油脂中加入精油和竹芋粉，再用手持式搅拌器搅打数分钟。向身体乳中加入竹芋粉或玉米淀粉可以减少身体乳的油腻感，不过如果你不喜欢或买不到这种成分，也完全可以不添加。

将制作好的身体乳存放于阴凉处，避免高温和阳光直射。保质期约为 6 个月。

小贴士：如果你的生活环境温度较高，在制作时可适当增加杜果脂的用量，或加入少量质地坚硬的油脂，如可可脂或藤黄果脂。这样在使用时身体乳就不会那么容易熔化了。在冬季或者你生活的环境温度比较低的情况下，可以在制作时提高配方中浸泡油的使用量，这样制成的身体乳就不会因为过于坚硬而不便使用了。

薄荷可可身体乳

这款身体乳气味芬芳，闻起来就像胡椒薄荷馅饼的味道，它是利用未经提炼的高品质可可脂制作而成的。在这个配方中，我使用了精炼过的乳木果脂，因为未经提炼的乳木果脂气味浓郁，会与可可脂的巧克力气味以及薄荷气味相互干扰。当然如果你喜欢，也可以使用未经提炼的乳木果脂。可可脂和乳木果脂可用于保护和平滑肌肤，而质地轻薄且易吸收的葡萄籽油则可以消除这个配方的黏腻感。

制作量：

装满 2 个 112 毫升的玻璃罐

原材料：

28 克未经提炼的可可脂

28 克精炼的乳木果脂

60 毫升薄荷葡萄籽油浸泡油（制作方法见第 17 页）

10~20 滴胡椒薄荷精油

$1/8$~$1/4$ 茶匙竹芋粉（选用）

将可可脂和乳木果脂加入一个耐热容器中，将上述容器放入平底锅中，并向平底锅中加入一定量的水（水深 7 厘米），制成一个隔水加热的双层容器。用小火加热平底锅，直至油脂熔化。将容器从火上取下，而后与薄荷葡萄籽油浸泡油混合。

将熔化并搅拌均匀的油脂倒入一个搅拌碗中，然后置于冰箱中冷藏 45 分钟，或直到其开始凝固为止。使用手持式搅拌器或立式搅拌器搅打油脂数分钟或直至其质地蓬松，并将碗壁上的油脂刮下来。

向混合油脂中加入胡椒薄荷精油和竹芋粉，再用搅拌器搅打数分钟。向身体乳中加入竹芋粉或玉米淀粉可以减少身体乳的油腻感，但并不是必需的，可以根据情况决定是否添加。

将制作好的身体乳装入玻璃瓶中，存放于阴凉处，避免高温和阳光直射。保质期约为 6 个月。如果环境温度升高，身体乳可能会熔化，出现这种情况时只需将它冷藏并再次搅拌。如果你生活在低温地区，而且觉得身体乳质地坚硬，可在制作过程中增加配方里浸泡油的使用量。

金盏花搅打椰子油

金盏花能够促进皮肤新生，它的这种功效使之成为护肤配方中的完美原料。椰子油具有抗菌抗炎作用，同时能够保护肌肤并锁住水分。这个简单的配方融合了这两种强大的原料，制作成的身体油适合在每年的寒冷季节特别是冬季使用。在炎热天气和高温下，这种油脂会熔化为液体，此时可以制作下一页介绍的金盏花搅打椰子油身体乳。

制作量：

120 毫升

原材料：

¼ 杯（2 克）干燥的金盏花

½ 杯（100 克）椰子油

将干燥的花朵置于一个容器中，并将容器放在电子秤上，而后向容器内倒入一定量的椰子油。

将上述容器放入平底锅中，并向平底锅中加入一定量的水（水深 2.5~5 厘米即可）。用小火加热平底锅 1~2 个小时，或直至油脂呈现出金盏花的黄色。将容器从火上取下，然后将油脂过滤至一个搅拌碗中。

将搅拌碗置于冰箱中冷藏 20~30 分钟，或直到其开始凝固为止。从冰箱中取出搅拌碗，使用手持式搅拌器搅打油脂，直至其质地蓬松。这个过程大约需要 5 分钟。将制作好的油脂转移至储存容器中，并保存在阴凉处，温度需低于 24 摄氏度（椰子油的熔点）。

小贴士：可以用蒲公英花按照这个配方制作出具有类似功效的护肤霜。

金盏花搅打椰子油身体乳

椰子油本身具有强大的保湿功效，并可用于多种肤质。但在温暖的环境中，它会熔化成液体。这款身体乳将上一个配方中的金盏花椰子油浸泡油和具有皮肤滋养功效的乳木果脂结合起来，制作出一种质地轻薄且保质期更长的身体乳产品。我喜欢向这款身体乳中加入数滴甜橙精油以改善它的气味，你也可以选择使用胡椒薄荷、薰衣草、玫瑰、青柠或山鸡椒精油等。

制作量：

240 毫升

原材料：

½ 杯（100 克）金盏花椰子油浸泡油（见上一个配方）

¼ 杯（54 克）乳木果脂

数滴你喜爱的精油（可选）

将金盏花椰子浸泡油和乳木果脂加入一个耐热容器中。将上述容器放入平底锅中，并向平底锅中加入一定量的水（水深 7 厘米），制成一个临时的隔水加热双层容器。用小火加热平底锅，直至乳木果脂熔化。然后立即从火上取下容器，以避免过度加热使乳木果脂变成颗粒状。

将熔化的油脂倾倒入一个搅拌碗中，然后将其置于冰箱中冷藏 30 分钟，或者直到其开始凝固为止。使用手持式搅拌器搅打油脂，直至其质地蓬松。然后加入数滴精油改善其气味，而后继续搅打几秒。

将制作好的身体乳转移到储存罐中，存放于阴凉处，避免高温和阳光直射。保质期约为 6 个月。

向日葵身体保湿块

身体保湿块是非常便携的小物品，特别适合涂抹在干裂的手部或身体上其他需要软化的部位。由于可以用小铁盒保存，保湿块比乳液和面霜更便于携带，而它们也具有缓解皮肤开裂和晒伤的类似效果。这款保湿块配方含有滋润度很高的乳木果脂，同时向日葵花瓣的加入又提高了它平滑肌肤的功效。如果向日葵花瓣不易购买，则可使用功效类似的蒲公英或金盏花等花材替代。

制作量：

大约 10 小块身体保湿块，这取决于所用模具的尺寸

原材料：

28 克乳木果脂

20 克蜂蜡

24 克向日葵橄榄油浸泡油（制作方法见第 17 页）

将乳木果脂、蜂蜡和浸泡油加入一个耐热容器中。为了清洗方便，也可以使用废弃的罐头盒代替。将上述容器放入平底锅中，并向锅中加入适量的水（2.5~5 厘米深）。将平底锅置于小火上加热，直至蜂蜡熔化。而后将熔化后的混合物从火上取下并进行搅拌，倒入模具中。你可以使用任何你喜欢的耐热糖果模具和硅胶模具。小型的 2.5 厘米的糖果模具可以制作 10 个左右的身体保湿块，如果用更大的模具，做出来的保湿块就更少一些。

晾凉后，把保湿块从模具中取出，并置于阴凉处保存，避免高温和阳光直射。可将每块身体保湿块放在小铁盒中单独存放，也可以将多块保湿块一起放在一个大的广口瓶中保存，保湿块之间用蜡纸分隔开。

使用时，用保湿块擦拭手部、肘部、膝盖及其他皮肤干燥的部位。体温会令保湿块熔化，并在皮肤上均匀地留下一层薄薄的保护层。如果手部皮肤干裂非常严重，可以在每晚看电视时，使用一块保湿块不停地按摩、揉搓双手。坚持数日后，你会发现手部皮肤状况明显改善。

小贴士：本配方的原材料按体积取用如下。

2 汤匙（30 毫升）乳木果脂

2 汤匙（30 毫升）蜂蜡

2 汤匙（30 毫升）浸泡油

紫罗兰叶身体保湿块

这款身体保湿块使用起来非常方便，它的主要成分是具有平滑和保湿功效的紫罗兰叶以及滋润的杧果脂。可用法国绿石泥为保湿块增添色彩，同时吸收保湿块所含的多余油脂。如果你的肤质非常干燥，也可以不添加黏土成分。粗糙干燥的部位每天至少需要使用保湿块一次。身体保湿块可以使我们在冬天疏于保养的足部皮肤迅速得到改善，穿上凉鞋后完美地裸露出来。睡前使用保湿块均匀涂抹双脚皮肤，尤其要注意脚踝部分，而后穿上袜子。早上醒来后，你就会拥有柔软的双脚。

制作量：

8~10 个保湿块，这取决于你的模具尺寸

原材料：

23 克杧果脂

17 克蜂蜡

17 克紫罗兰叶椰子油浸泡油（制作方法见第 17 页）

½ 茶匙法国绿石泥（选用）

将杧果脂、蜂蜡、浸泡油和法国绿石泥放入一个耐热容器中。将上述容器放入平底锅中，并向锅中加入适量的水（2.5~5 厘米深）。将平底锅置于小火上加热，直至蜂蜡熔化。而后将熔化后的混合物从火上取下并进行搅拌，然后倒入模具中。你可以使用任何自己喜欢的耐热糖果模具和硅胶模具。使用小型的 2.5 厘米的糖果模具，可以制作 8~10 个身体保湿块，如果用更大的模具，做出来的保湿块就更少一些。

晾凉后，把保湿块从模具中取出，并置于阴凉处保存。使用时，用保湿块擦拭手部、肘部、膝盖及其他皮肤干燥的部位。体温会令保湿块熔化，并在皮肤上均匀地留下一层薄薄的保护层。

小贴士：如果你对椰子油过敏或不喜欢它的味道，可以使用巴巴苏仁油、甜杏仁油、葵花籽油、橄榄油、荷荷巴油、米糠油、杏仁油、阿甘油或酪梨油代替。

可可玫瑰身体保湿块

　　这款美妙的身体保湿块由可可脂和玫瑰甜杏仁油浸泡油制作而成。这个配方中的玫瑰花瓣可以帮助舒缓和减轻皮肤炎症。甜杏仁油具有极强的软化和肌肤调节作用，而且适用于多种皮肤类型，但如果你对坚果过敏，可以选用酪梨油或葵花籽油代替。玫瑰高岭土可为这款保湿块增添漂亮的色彩，同时也可以减轻保湿块的油腻感。

制作量：

8~10 个身体保湿块

原材料：

24 克可可脂

15 克蜂蜡

23 克玫瑰甜杏仁油浸泡油（制作方法见第 17 页）

½ 茶匙玫瑰高岭土（选用）

3~4 滴天竺葵精油或玫瑰精油（选用）

　　将可可脂、蜂蜡、浸泡油和玫瑰高岭土加入一个耐热容器中。将上述容器放入平底锅中，并向锅中加入适量的水（2.5~5 厘米深）。将平底锅置于小火上加热，直至可可脂和蜂蜡熔化。而后将熔化后的混合物从火上取下，如果你希望制作的保湿块具有香气，可以在这个时候边搅拌边加入数滴精油，再将其倒入模具中。保湿块的个数会因模具的大小而变化。

　　晾凉后，把保湿块从模具中取出，并置于阴凉处保存。使用时，用保湿块擦拭手部、肘部、膝盖及其他皮肤干燥的部位。体温会令保湿块熔化，并在皮肤上均匀地留下一层薄薄的保护层。

　　小贴士：可可脂分为精炼和未精炼两种。未精炼的高质量可可脂闻起来有诱人的巧克力香气，你会想咬它一口。然而也有一些人并不喜欢这种气味，如果你也是这样，那么可以使用精炼过的无气味的可可脂或者用功效类似的藤黄果脂来替代。

简单的纯天然
面霜和乳液

　　我们每天都要涂抹多种护肤品，而每次看到瓶子上一长串的化学物质名称时都会感到不舒服。有些人觉得，自己在家中制作护肤品实在太复杂了，我希望在这一章中讲到的内容能改变你的旧观念。

　　相对于蜂蜡而言，植物乳化蜡能使配方中增加更多的水分，使乳液的质地更加轻盈，补水效果更好且更易于吸收。使用植物乳化蜡，能快速制作出适合自己肤质特点的乳液。

　　据我所知，也有一些人特别偏爱蜂蜡的质地，所以我在本章中也介绍了几款仅含蜂蜡的配方。但要注意，它们制作起来都相对复杂，但是制成的护肤品也会让你觉得付出的努力是值得的。
由于蜂蜡不像乳化蜡那样可以与大量水分结合，这些仅含蜂蜡的产品通常质地黏腻、厚重，呈膏状。

　　与商场出售的面霜和乳液相比，家庭自制的护肤品中不含防腐剂成分，因此它们更容易腐败变质。可向其中加入天然防腐剂，并置于冰箱中冷藏保存，同时尽量在两周内用完。
本书第 26 页有自制护肤品如何保存和延长保质期的阐述。

金盏花舒缓乳液

金盏花具有极好的皮肤治疗能力，甜杏仁油能软化肌肤，把它们结合起来制成的金盏花舒缓乳液适合全家使用。同时这一配方也是乳液的基础制作配方，我们可以尝试以它为基础制作出多种不同的产品。比如，可以用自己喜欢的花材代替配方中的金盏花，用自己喜欢的油脂代替配方中的浸泡油，或用金缕梅萃取液和芦荟代替水。同时，你还可以向其中加入自己喜欢的精油，这样一款具有你自己独特风格的乳液就做好了。

制作量：

100 毫升

原材料：

1½ 汤匙（22 毫升）金盏花甜杏仁油浸泡油（制作方法见第 17 页）

3 茶匙（6 克）乳化蜡（经美国国家药典认证）

5 汤匙（75 毫升）蒸馏水

天然防腐剂（选用）

小贴士：这个配方是为乳化蜡特别设计的，如果你想尝试利用蜂蜡或其他蜡质代替乳化蜡，有可能会失败。

将浸泡油和乳化蜡加入一个耐热容器中，为了便于清洁，也可以使用废弃的罐头盒。同时用一个 250 毫升的罐头瓶量好一定量的水。

将上述两个容器放入一个平底锅中，并向锅里加水（深度为 2.5~5 厘米即可）。将锅放在炉灶上用小火加热约 10 分钟，这时乳化蜡已经熔化，罐头瓶里水的温度达到 66 摄氏度左右。

将浸泡油和乳化蜡的混合物与加热的水一同倒入搅拌碗中搅拌，这时各组分开始乳化，混合物逐渐变成乳白色。

我们可以使用叉子或小的搅拌器进行搅拌，每次要快速搅拌 30 秒，然后放置冷却 5 分钟。可将搅拌碗放到加了冰块的水中以加快冷却的进程。在乳液整个冷却和变硬的过程中，要不时地进行搅拌，每次 30 秒左右。

如果你要向乳液中加入天然防腐剂，那么一定要注意乳液当前的温度是否合适。不同的天然防腐剂适宜的温度不同，通常我们都选择在乳液完全冷却后再添加。

你可以在乳液还有一点儿温热的时候，将它倒入瓶子里保存和使用，也可以等到它完全冷却后用勺子转移到玻璃罐中保存。

最后成品的体积与你在搅拌过程中向乳液里混入的空气体积有关，一般来说 120 毫升的罐子就可以装下了。乳液制作完成后的第一天可能还需要偶尔摇晃或搅拌一下。在乳液完全冷却前，请不要给容器盖上盖子，以免盖子上凝结冷凝水。如果你不使用防腐剂，请将乳液置于冰箱中冷藏保存，并在两周内用完。

芦荟薄荷修复乳液

这款乳液因含有薄荷成分而特别清凉，芦荟可以帮助舒缓晒伤和发炎的皮肤。这里使用的油脂是葵花籽油，利用了这种油脂对受损皮肤出众的修复能力。在制作过程中还加入了几滴胡椒薄荷精油，从而进一步加强了乳液的清凉效果，同时胡椒薄荷精油还能够缓解轻微的疼痛。当皮肤被晒伤或发生烫伤红肿时，可以根据需要频繁地涂抹这款乳液以缓解不适。这款乳液不仅可以进行晒后修复，日常使用也可以使你整个夏天都保持清凉。

制作量：

120 毫升

原材料：

4 茶匙（20 毫升）薄荷葵花籽油浸泡油（制作方法见第 17 页）

3 茶匙（6 克）乳化蜡（经美国国家药典认证）

4 汤匙（60 毫升）蒸馏水

2 汤匙（30 毫升）芦荟凝胶

2~3 滴胡椒薄荷精油

天然防腐剂（选用）

小贴士：配方中加入芦荟凝胶使得这款乳液非常完美。但是，如果你对芦荟过敏，也可以使用水或者金缕梅萃取液代替它。同时，这个配方是为乳化蜡特别设计的，如果你想尝试利用蜂蜡或其他蜡质代替乳化蜡，有可能会失败。

将油脂和乳化蜡放入一个耐热容器中，或使用废弃的罐头盒。同时用一个 250 毫升的罐头瓶量好一定量的水和芦荟凝胶。

将上述两个容器放入一个平底锅中，并向锅里加水（深度为 2.5~5 厘米即可）。将锅放在炉灶上用小火加热约 10 分钟，这时乳化蜡已经完全熔化，罐头瓶里水的温度达到 66 摄氏度左右。将容器从火上取下。

将浸泡油和乳化蜡的混合物、水和芦荟胶一同倒入搅拌碗中搅拌，各组分相互接触后就会开始乳化，混合物逐渐变成乳白色。

可以使用叉子或小的搅拌器搅拌，每次先快速搅拌 30 秒，然后放置冷却 5 分钟。可将搅拌碗放到加了冰块的水中以加快冷却的进程。在乳液整个冷却和变硬的过程中，要不时地进行搅拌，每次 30 秒左右。

如果你想要向乳液中加入天然防腐剂，那么一定要注意乳液当前的温度是否合适。

可以在乳液还有一点儿温热的时候，将它倒入瓶子里保存和使用，也可以等到它完全冷却后用勺子转移到玻璃罐中保存。乳液制作完成后的第一天，可能还需要偶尔摇晃或搅拌一下。在乳液完全冷却前，请不要给容器盖上盖子，以免盖子上凝结冷凝水。如果你不使用防腐剂，那么请将乳液置于冰箱中冷藏保存，并在两周内用完。

葡萄籽百里香乳液

这款质地轻薄的乳液是为油性和易生痤疮的肤质特别设计的。葡萄籽油无刺激、不油腻且易于吸收，而百里香可以有效杀灭引起痤疮的细菌。金缕梅萃取液具有收敛止血的功效，可以帮助皮肤减轻发红症状和炎症。为了加强乳液的抗菌能力，可以向其中再添加 1~2 滴茶树精油。坚持每天用这款乳液涂抹面部和颈部，长期使用可使皮肤变得更加柔软。

制作量：

100 毫升

原材料：

1 汤匙（15 毫升）百里香葡萄籽油浸泡油（制作方法见第 17 页）

3 茶匙（6 克）乳化蜡（经美国国家药典认证）

4 汤匙（60 毫升）蒸馏水

1½ 汤匙（22 毫升）金缕梅萃取液

1~2 滴茶树精油（选用）

天然防腐剂（选用）

小贴士：这个配方是为乳化蜡特别设计的，如果你想尝试利用蜂蜡或其他蜡质代替乳化蜡，有可能会失败。

将油脂和乳化蜡放入一个耐热容器中，同时用一个 250 毫升的罐头瓶量好一定量的水和金缕梅萃取液。

将上述两个容器放入一个平底锅中，并向锅里加水（深度在 2.5~5 厘米即可）。将锅放在炉灶上用小火加热约 10 分钟，这时乳化蜡已经完全熔化，罐头瓶里水的温度达到 66 摄氏度左右。将容器从火上取下。

将浸泡油和乳化蜡的混合物、水和金缕梅萃取液混合物一同倒入搅拌碗中搅拌，各组分相互接触后就会开始乳化，混合物逐渐变成乳白色。

我们可以使用叉子或小的搅拌器进行搅拌，先快速搅拌 30 秒，然后放置冷却 5 分钟。如果需要的话，可以加入茶树精油。将搅拌碗放到加了冰块的水中以加快冷却的进程。在乳液整个冷却和变硬的过程中，要不时地进行搅拌，每次 30 秒左右。

如果你要向乳液中加入天然防腐剂，那么一定要注意乳液当前的温度是否合适。

你可以在乳液还有一点儿温热的时候，将它倒入瓶子里保存和使用，也可以等到它完全冷却后用勺子转移到玻璃罐中保存。乳液制作完成后的第一天，可能还需要偶尔摇晃或搅拌一下。在乳液完全冷却前，请不要给容器盖上盖子，以免盖子上凝结冷凝水。如果你不使用防腐剂，那么请将乳液置于冰箱中冷藏保存，并在两周内用完。

玫瑰面霜

　　这款具有天然色彩的面霜特别适合成熟的肤质。玫瑰具有清凉舒缓的功效，特别适合用作护肤品的原材料。甜杏仁油适用于大多数肤质，它富含有益脂肪酸，并可以帮助软化肤质和改善皮肤肌理。乳木果脂富含维生素 A 和维生素 E，对修复风化受损的皮肤效果显著。金缕梅萃取液可缓解皮肤浮肿和炎症。

制作量：

120 毫升

原材料：

¼ 杯（4 克）新鲜或干燥的玫瑰花瓣（蓬松状态）

¼ 杯（60 毫升）近沸蒸馏水

1 汤匙（15 毫升）甜杏仁油

1 汤匙（14 克）乳木果脂

1 汤匙 +1 茶匙（8 克）乳化蜡（经美国国家药典认证）

少量紫草根（用于染色，选用）

2 汤匙（30 毫升）金缕梅萃取液

数滴玫瑰或天竺葵精油（选用）

天然防腐剂（选用）

> **小贴士：**这个配方是为乳化蜡特别设计的，如果你想尝试利用蜂蜡或其他蜡质代替乳化蜡，有可能会失败。

玫瑰茶

将玫瑰花瓣放入耐热容器中，而后倒入近沸水浸泡 20 分钟，然后进行过滤。

面霜

将油脂和乳化蜡放入一个耐热容器中，如果你想做出粉红色的面霜，这时可以向油脂中加入少量紫草根。将上述容器放入一个平底锅中，并向锅里加水（深度在 2.5~5 厘米即可）。将锅放在炉灶上用小火加热约 10 分钟。

向玫瑰茶中加入金缕梅萃取液，而后也放入上述平底锅中隔水加热。加热完成后，两个容器中混合物的温度应达到 66 摄氏度左右。

加热 10 分钟后，将容器从平底锅中取出，将油脂和乳化蜡的混合物与玫瑰茶和金缕梅萃取液的混合物一同倒入搅拌碗中，各组分相互接触后就会开始乳化，混合物逐渐变成粉白色。

我们可以使用叉子或小的搅拌器进行搅拌，先快速搅拌 30 秒，然后放置冷却 5 分钟。在乳液整个冷却和变硬的过程中，要不时地进行搅拌，每次 30 秒左右。

如果你要向乳液中加入天然防腐剂，那么一定要注意乳液当前的温度是否合适。

将面霜转移到玻璃罐中保存。乳液制作完成后的第一天，可能还需要偶尔搅拌一下。在乳液完全冷却前，请不要给容器盖上盖子，以免盖子上凝结冷凝水，水的存在容易使面霜发霉。如果你不使用防腐剂，那么请将乳液置于冰箱中冷藏保存，并在两周内用完。

接骨木花眼霜

这款眼霜使用了多种特级油脂以对抗老化。阿甘油是用于改善和修复皮肤肌理的首选油脂，买不到时也可以使用易吸收的甜杏仁油和米糠油代替，当然它们不含阿甘油的有效成分。接骨木花是一种可以用来改善和提亮面部肤色的传统花材，近代研究发现它们具有抗氧化和抗炎的功效。玫瑰果油是最有效的抗衰老油脂之一，它可以帮助皮肤表皮再生、祛除疤痕以及抚平皱纹。杧果脂在对抗皱纹方面效果显著，可以软化角质，改善皮肤健康状态。

制作量：

60 毫升

原材料：

14 克接骨木花阿甘油浸泡油（制作方法见第 17 页）

14 克杧果脂

14 克蜂蜡（磨碎或片剂）

14 克玫瑰果油

1½ 汤匙（22 毫升）蒸馏水

天然防腐剂（选用）

将各种油脂和蜂蜡放在一个耐热容器中。由于玫瑰果油遇热不稳定，因此要晚一些时候加入。将上述容器放入一个平底锅中，并向锅里加水（深度在 2.5~5 厘米即可）。将锅放在炉灶上用小火加热，直至蜂蜡熔化。将容器从火上取下，然后把混合物倒入玫瑰果油中混合搅拌，而后放置冷却至 29~35 摄氏度。

将水倒入小平底锅中，用小火加热至与混合油脂温度接近。油相和水相的温差最多不要超过 3 摄氏度，这样混合后才能获得最佳的乳化效果。

用手持搅拌器搅打油脂，同时淋入蒸馏水，这个过程需要 30~45 秒。继续搅打 5~10 分钟，或直至眼霜变得黏稠。

如果你要向乳液中加入天然防腐剂，那么一定要注意乳液当前的温度是否合适。

将眼霜转移到玻璃罐中保存。如果你不使用防腐剂，那么请将乳液置于冰箱中冷藏保存，并在两周内用完。

小贴士：如果接骨木花无法买到，玫瑰、洋甘菊、金盏花和紫罗兰均具有类似的肤色改善功效。

植物润肤霜

    这个简化的面霜配方是特别为初学者设计的，不需要使用特别的乳化剂、蜂蜡和设备。最终得到的产品是一种黏稠的乳状润肤膏，涂抹时手感细腻光滑。你也可以向其中加入其他水基原材料，如玫瑰茶或金缕梅萃取液，或者加入黏稠的芦荟凝胶，也会带来令人意想不到的效果。可用于此配方的花材包括且不限于如下种类：薰衣草、玫瑰、连翘、蒲公英、金盏花、洋甘菊、薄荷和紫罗兰叶。植物和油脂的特性描述请参见本书第 8~15 页和第 19~21 页。

制作量：

60 毫升

原材料：

2 汤匙（30 毫升）花材浸泡油（品种自选）

1 汤匙（14 克）乳木果脂或杧果脂

1 汤匙（15 毫升）芦荟凝胶

2~3 滴精油（选用）

    将油脂装入一个 250 毫升的耐热容器中。将上述容器放入一个平底锅中，并向锅里加水（深度在 2.5~5 厘米即可）。隔水用小火加热，直至油脂熔化。从炉灶上取下容器，并将它放入冰箱中冷藏 30~45 分钟，或直至它达到软膏的黏稠度。

    加入芦荟凝胶和精油，用叉子快速搅拌 2 分钟，这时混合物会变成不透明的乳状。放置 5~10 分钟等待其变黏稠，而后再用叉子按前面的方法搅拌一次。这时面霜就做好了。

    将面霜保存在凉爽的地方，或者在冰箱内冷藏。加入防腐剂可延长它的保质期，否则请在一周内用完。如果在使用时发现面霜出现分层，只需用叉子重新搅拌混合均匀即可。

    最好在洗澡后涂抹这款面霜，这样可以更好地锁住水分。它可用于手部、面部和全身。这款配方的含水量很少，因此面霜比较油腻厚重，所以使用时蘸取少量即可。

蜂蜜洋甘菊润肤霜

这款质地黏稠厚重的润肤霜特别适用于修复风化受损的皮肤，也可用于应对湿疹和其他干燥发痒的皮肤问题。它的成分包括具有类似于可的松温和效果的洋甘菊、具有皮肤治疗功能的葵花籽油、具有皮肤抗炎和修复功能的天然蜂蜜以及具有软化和预防损伤功效的非常滋润的乳木果脂。薰衣草精油不仅有令人平静的气息，同时可以帮助缓解皮肤炎症和发热症状。这款润肤霜比较黏稠，所以请在晚间睡前涂抹，这样就可以有整夜时间吸收。

制作量：

150 毫升

原材料：

60 毫升洋甘菊葵花籽油浸泡油（制作方法见第 17 页）

28 克乳木果脂

14 克蜂蜡（磨碎或片剂）

50 毫升温热的蒸馏水

1 茶匙天然蜂蜜

2~3 滴薰衣草精油（选用）

天然防腐剂（选用）

将油脂和蜂蜡放在一个耐热容器中，并将容器放入平底锅中，向锅里加水（深度在 7 厘米左右即可）。隔水用小火加热，直至油脂和蜂蜡熔化。

从火上取下容器，将混合物倒入一个搅拌碗中，并放置待其冷却至 29~35 摄氏度。

在等待油脂加热的同时，将温水和蜂蜜放入一个碗中混合均匀，直至蜂蜜溶解。

油脂混合物冷却后会变得黏稠，类似于膏状。检查一下蜂蜜水的温度，需要时也可以放在平底锅里隔水再加热一下。不加乳化剂，仅仅使用蜂蜡制作润肤霜时，油相和水相的温度对于乳化过程是非常重要的，要保证这两种混合物的温度都在 29~35 摄氏度，且温差小于 3 摄氏度。

用手持搅拌器搅打油脂混合物，同时向其中加入少量的蜂蜜水。每次加水前，都要保证之前加入的水和油脂已经混合完全。将所有蜂蜜水完全加入油脂中大约需要 1 分钟。继续搅打 3~5 分钟，而后将碗壁刮干净。薰衣草精油可以在这时加入混合物中。

如果你要向润肤霜中加入天然防腐剂，那么一定要注意乳液当前的温度是否合适。

将润肤霜转移到玻璃罐中保存。如果你不使用防腐剂，那么请将润肤霜置于冰箱中冷藏保存，并在两周内用完。

紫罗兰芦荟滋润霜

这个配方要使用到第 47 页介绍的紫罗兰芦荟浸泡凝胶。这款凝胶本身就可以舒缓皮肤炎症,用它制作成每日使用的面霜(比如这一款),作用效果就更棒了。硬脂酸(一种提取自植物和动物的天然脂肪酸)常用于增加润肤霜和乳液的黏稠度,如果配方中不添加它,制作结果可能会大大不同。甜杏仁油富含非常滋润的脂肪酸,可用于软化柔滑肌肤。乳木果脂能够保护肌肤并预防损伤。

制作量:

90 毫升

原材料:

3 汤匙(45 毫升)甜杏仁油

1½ 汤匙(21 克)乳木果脂

1 汤匙(10 克)蜂蜡(磨碎或片剂)

½ 汤匙(3 克)硬脂酸

¼ 杯(60 毫升)紫罗兰芦荟浸泡凝胶(或芦荟凝胶)

数滴精油(改善气味,选用)

天然防腐剂(选用)

将所有油脂、蜂蜡和硬脂酸加入耐热容器中,并将容器放入一个平底锅中,向锅里加水(深度在 2.5~5 厘米即可)。隔水用小火加热,直至蜂蜡和硬脂酸熔化。

从炉灶上取下容器,将混合物倒入搅拌碗中,冷却至室温,而后向其中加入紫罗兰芦荟浸泡凝胶和精油(选用)。对于这一润肤霜而言,我最喜欢的气味是薰衣草精油和山鸡椒精油各加几滴后的混合味道,当然读者也可以选择自己喜欢的气味。使用手持搅拌器搅打混合物 5 分钟左右,或直至混合物变得黏稠厚重。

用勺子将做好的滋润霜转移到玻璃罐中保存。为延长保质期,可向其中加入天然防腐剂,否则需置于阴凉处保存,并在两周内用完。

小贴士:甜杏仁油是一种多用途油脂,适用于多种皮肤类型。对于坚果过敏人群,可使用葵花籽油、酪梨油代替甜杏仁油。配方中的乳木果脂也可以用杧果脂代替。

新鲜草本浴粉和浴盐

植物沐浴配方可以帮我们缓解生活中的压力，放松身心，重获新生。

当你感觉沮丧并需要迅速振奋精神时，可以试一试提神迷迭香薄荷浴茶（见第 104 页）和花园香草浴粉（见第 97 页）。

你是否渴望睡个好觉？可以试试用减压浴粉（见第 98 页）或薰衣草助眠浴茶（见第 104 页）洗个澡放松一下。如果你需要更强大的助眠功效，可以尝试在使用上述助眠配方的同时，服用一勺洋甘菊镇静糖浆（见第 209 页）。

如果你是多年生南瓜香料的忠实粉丝，那么请一定要试一下金盏花泡沫浴盐（见第 101 页）。就像它的名字描述的那样，这种制作方法非常简单的浴盐添加了发泡成分，类似于洗浴气泡弹，但价格则要低得多。

花园香草浴粉

这款提神醒脑的浴粉使用花园里的多种绿色植物及它们的叶子制成。你可以自由选择和组合，但一定要包括几种香味浓郁的植物，例如薄荷、薰衣草叶、迷迭香、鼠尾草、百里香或松针，它们均具有提神的气味并能改善身体循环。此外，也可以加入一些具有舒缓功效的紫罗兰或车前草的叶子。小苏打可以软化水质，泻盐可以缓解肌肉酸痛。这款浴盐中还加入了气味清爽的桉树精油和胡椒薄荷精油，能令人振奋精神、全身舒爽。除此之外，这两种精油对清除鼻塞也有惊人的效果，所以当你感冒鼻塞时，这款浴盐是非常好的选择。

制作量：

130 克或一次洗浴用量

原材料：

½ 杯（约 12 克）切碎的绿色植物及它们的叶子（蓬松状态）

½ 杯（112 克）泻盐

1 汤匙（9 克）小苏打

数滴桉树精油和胡椒薄荷精油

可重复使用的茶包或一个 30 厘米见方的可系绳布袋（选用）

使用小型打汁机将新鲜的植物叶子及泻盐粗略地混匀，而后将混合物倒在一张蜡纸上，风干 1~2 天。泻盐可以迅速使新鲜植物脱水，从而保留植物的鲜艳色彩。

将干燥的植物盐和小苏打倒入一个小碗中混合，边搅拌边加入数滴桉树精油和胡椒薄荷精油。

将做好的浴盐倒入小罐中保存。为了便于浴后清洁，也可以将其装入可重复使用的茶包或 30 厘米见方的布袋中使用。

使用时，可将浴盐倒入温暖的洗澡水中。如果使用袋装浴盐，为了使其充分溶解并发挥功效，建议在开始注水时用水流冲泡布袋。桉树精油和胡椒薄荷精油不适合儿童使用，所以可将这款浴盐推荐给成人和非孕期妇女使用。

减压浴粉

这个配方使用了两种典型的具有镇定舒缓作用的植物，即洋甘菊和薰衣草，制成的浴粉可以让人身心均得以放松。燕麦片对皮疹的疗效显著，而泻盐中的镁对于人体神经系统调节起着非常重要的作用。加入数滴薰衣草精油可以让你在洗浴时心情平静，但是如果你不喜欢它的强烈气味，也可以在制作时舍掉。

制作量：

240 克或 4 次洗浴用量

原材料：

1 汤匙（1 克）干燥的洋甘菊花朵

1 汤匙（1 克）干燥的薰衣草花朵

1 汤匙（6 克）传统的燕麦片（非即食燕麦）

1 杯（232 克）泻盐

数滴薰衣草精油（选用）

将按上述方法制作的粉末和泻盐混合搅拌，并加入数滴精油，搅拌至完全混合均匀为止。将做好的浴盐储存在密封的罐子中。

在使用时，将 ¼ 杯（60 克）浴盐加入装满温水的浴缸中。为了便于浴后清洁，也可以将其装入可重复使用的茶包或干净的袜子中使用。

金盏花泡沫浴盐

　　这款芬芳的泡沫浴盐带有南瓜香料的独特气味，特别适合在深秋和冬季晚间沐浴时使用。金盏花可以舒缓和软化大风天气后粗糙的肌肤，泻盐有助于缓解肌肉酸痛，生姜和肉桂可以促进血液循环，从而缓解手指和脚趾冰冷。浴盐的发泡现象是由碱性的小苏打和酸性的柠檬酸发生反应产生的。皮肤娇嫩敏感的人群可能会担心柠檬酸的强烈作用，那么可以在制作过程中不添加柠檬酸，这样制成的浴盐仍然效果显著、气味芬芳，只是没有发泡现象。

制作量：

6 次洗浴用量

原材料：

1 杯（224 克）泻盐

¼ 杯（56 克）小苏打

2 汤匙（24 克）柠檬酸

¼ 茶匙碾碎的生姜

¼ 茶匙碾碎的肉桂

¼ 杯（2 克）干燥的金盏花朵

　　将泻盐、小苏打、柠檬酸、生姜和肉桂放入一个小的搅拌碗里混合均匀。使用电动咖啡研磨机或研钵研杵磨碎干燥的金盏花，直到得到非常细的粉末为止。将粉末过筛，并将筛后的粉末与之前的其他原料混合，浴盐就做好了。

　　将制成的浴盐放入密封罐中保存，贴好标签并储存在阴凉处，避免阳光直射和高温。

　　洗浴时可向水中加入大约 60 克浴盐，你会看到奇妙的发泡现象，还会闻到南瓜香料的独特香气。

　　要避免浴盐受潮，每次使用后盖紧盖子。浴盐保持干燥是非常重要的，一旦它们受潮，就可能结块。如果你生活的地方气候潮湿，在制作浴盐时可以不加柠檬酸，这样制作出的浴盐也非常棒，只是没有发泡现象而已。如果你想把自制的浴盐送给朋友作为礼物，那么要注意的是存放时间较长的浴盐会失去发泡的功能，所以不要在送人之前很久就做好你的礼物。

　　配方中的生姜和肉桂能促进血液循环，令人发汗。如果你有血压方面的问题，可在制作时减少这两种原料的用量，或在使用前咨询医师。

玫瑰柠檬泡泡浴粉

　　这款发泡浴粉的主要成分是玫瑰和柠檬皮，它是一款夏季浴粉。玫瑰具有清凉和收敛的功效，所以是夏季护肤配方的重要原料。柠檬皮为浴盐添加了清新的香气。海盐具有软化和改善肌肤的功效。喜马拉雅粉盐的加入使这款浴粉呈现出漂亮的玫瑰色，同时它富含 84 种矿物质，还具有神奇的解毒功效。但是如果你不喜欢或不适合这种粉盐，可以在配方中使用更多的海盐替代它。小苏打和柠檬酸的加入使这款浴粉可以发泡，但如果你的肤质较敏感，则可以去掉配方中的柠檬酸，这样也可以制作出非常棒的浴盐，只是没有发泡现象而已。

制作量：

4 次洗浴用量

原材料：

¼ 杯（2 克）干燥的玫瑰花瓣

1 汤匙（1 克）干燥的柠檬皮

½ 杯（145 克）粗海盐

¼ 杯（60 克）喜马拉雅粉盐

¼ 杯（56 克）小苏打

2 汤匙（24 克）柠檬酸

　　将玫瑰花瓣、柠檬皮及 2 汤匙（35 克）海盐混合，使用电动咖啡研磨机或研钵研杵将它们磨成极细的粉末。

　　将上述粉末和其余的原料混合搅拌，直至完全混合均匀，然后密封保存在干燥的容器中。

　　洗浴时可向水中加入大约 60 克浴盐，你会见到奇妙的发泡现象，还会闻到柠檬水的香气，非常有夏天的味道。

　　要避免浴盐受潮，每次使用后盖紧盖子。浴盐保持干燥是非常重要的，一旦它们受潮，就可能结块。如果你生活的地方气候潮湿，在制作浴盐时可以不加柠檬酸，这样也可以制作出非常棒的浴盐，只是没有发泡现象而已。

➤　　图片见第 94 页。

肌肉舒缓沐浴包

当你浑身酸痛时，用这款沐浴包泡个热水澡放松一下吧！这款产品中的松针、杜松子和薄荷具有缓解疼痛的功效，而泻盐和薰衣草精油则具有放松肌肉的效用。此外，沐浴包中还加入了桉树精油，它有助于清除鼻塞，当你着凉或鼻腔堵塞时，用起来都非常有效。

制作量：

3~4 次沐浴用量

原材料：

¾ 杯（168 克）泻盐

4 汤匙（2 克）碾碎的干燥薄荷叶

¼ 杯（5 克）切碎的干燥松针（极细）

5~10 滴桉树精油

10~15 滴薰衣草精油

3~4 个可重复使用的棉布茶包

9~12 个干燥的杜松子（选用）

将泻盐、薄荷、松针和精油倒入一个 500 毫升的玻璃罐中，盖好盖子并剧烈摇晃，直至所有的原料混合均匀。

将做好的浴盐分成 3~4 份装入棉布茶包中。如果你没有茶包，也可以用干净的棉袜代替。向每个茶包中加入 2~3 个杜松子，扎紧袋口。

将茶包保存在密封容器中，以免精油和香气跑掉。

使用时将茶包放入洗澡水中，接着就可以开始享受轻松舒适的沐浴时间啦！

> 小贴士：你可以在居住地附近采摘松针，而后将它们分散铺在干毛巾上晾干。由于松针的含水率并不高，所以干燥起来非常快，只需要 1~2 天。如果你在居住地附近找不到松针，也可以使用冷杉松针精油代替。

花园浴茶

浴茶可能是制作起来最简单的手工产品，但它的治疗效果非常好。事实上，你可以用任何干花和香料混合制作浴茶。下面是我最喜欢的几款配方，你也可以按照自己的喜好创造自己的独特配方。

暖姜香蜂叶茶能够促进血液循环，是你觉得虚弱或着凉时的最佳选择。如果手头没有干燥的生姜，可以使用姜粉代替，用量减半。

薰衣草助眠浴茶的原料包括具有放松效用的薰衣草、具有镇静功效的洋甘菊以及具有平复情绪用途的玫瑰。用这款浴茶沐浴后，换上最舒适的睡衣，保证你整夜安眠。

提神迷迭香薄荷浴茶是你想要提神醒脑时的最佳选择。迷迭香可以促进身体循环并提升人体的灵敏度。薄荷可以提神醒脑。杜松子可以激活感官，令人精力充沛。但杜松子可能不容易购买到，在配方中省略即可。

制作量：

1~2 次洗浴用量

原材料：

暖姜香蜂叶茶

2 汤匙（1 克）干燥的香蜂叶

1 汤匙（6 克）干燥的生姜片

1 汤匙（8 克）干燥的柠檬皮

1~2 个可重复使用的茶包

1 杯（250 毫升）沸水

薰衣草助眠浴茶

2 汤匙（2 克）干燥的薰衣草花苞

1 汤匙（1 克）干燥的洋甘菊花朵

1 汤匙（1 克）干燥的玫瑰花瓣

1~2 个可重复使用的茶包

1 杯（250 毫升）沸水

提神迷迭香薄荷浴茶

1 汤匙（1 克）干燥的迷迭香

1 汤匙（1 克）干燥的薄荷叶

1/2 汤匙（2 克）干燥的杜松子（选用）

1 个可重复使用的茶包

1 杯（250 毫升）沸水

将干燥的花材碾碎并装入棉布茶包中。对于那些大块的材料，例如柠檬皮、生姜片和杜松子，则无须碾碎。如果你手头没有棉布茶包，也可以将旧的白色 T 恤衫剪成正方形来包裹材料，或直接用干净的棉袜包裹。

将茶包放在杯子等耐热容器中，然后倒入沸水。浸泡 20 分钟后将泡好的茶和茶包一起倒入浴缸中。用这种方法浸泡茶包可以充分发挥其效用，并使沐浴的疗效更好。当然你也可以在给浴缸放水时直接放入茶包。下面就把自己泡进浴缸，开始享受沐浴时光吧！

漂亮的沐浴融块
和磨砂膏

本章中介绍的产品可以帮你把一次沐浴变成水疗，令你的皮肤光滑透亮水嫩。

洗浴融块就像一些不同形状的小块黄油，通常用可可脂或乳木果脂与各种对皮肤有益的花材混合制成。使用时，只需将沐浴融块丢入浴缸中，水温会令它熔化，并在你的皮肤表面形成保护层锁住水分。因此，用沐浴融块洗浴后，通常不需要再涂润肤乳液。

磨砂膏有多种形式，用于去除受损老化的皮肤。由于磨砂膏对皮肤的刺激较大，所以每周最多使用一到两次。对于特别粗糙的身体部位（比如足部），使用次数可以更多一些，直至双脚达到你所希望的光滑程度为止，而后就可以每一周或每两周对足部进行一次保养。本章中介绍了几款有趣的身体磨砂膏，同时也介绍了一些适合抓握使用的磨砂块，这些磨砂块特别适合处理脚踝的粗糙问题，让你在穿凉鞋的季节拥有完美的双足。

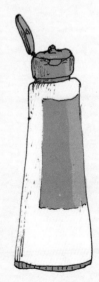

薰衣草燕麦沐浴融块

　　这款融块以具有皮肤舒缓功效的燕麦和具有抗炎功效的薰衣草为原料，可以缓解皮疹和皮肤瘙痒。融块的清新花香可以帮助我们放松身心，可可脂和甜杏仁油可以渗透入你被水温暖的肌肤，从而锁住更多水分。

制作量：

10~12 个小融块

原材料：

5 汤匙（70 克）可可脂

1½ 汤匙（22 毫升）甜杏仁油

1 汤匙（3 克）干燥的薰衣草花苞

1 汤匙（7 克）燕麦

　　将可可脂和甜杏仁油加入一个耐热容器中，并将容器放入平底锅中。向平底锅中加水，深度在 7 厘米左右即可。将平底锅置于炉灶上用小火加热，直至可可脂熔化。

　　同时用电动咖啡研磨机或研钵研杵将薰衣草花苞和燕麦磨成极细的粉末，而后过筛。去掉较大的碎片后，可以使沐浴后浴缸的清洁容易一些。

　　将过筛后的粉末与熔化的油脂混合并搅拌均匀，而后倒入硅胶模具中，放入冰箱中冷藏，直至凝结为固体。

　　将融块脱模并在阴凉干燥处保存。如果室温过高，则可在冰箱中冷藏保存。

　　在沐浴前边放水边将融块投入浴缸中，它会缓慢熔化，并在你的皮肤上形成薄薄的一层油脂以锁住沐浴过程中吸收的水分。由于融块中有油脂存在，洗浴后请注意防滑。为了浴后清洁工作的方便，你也可以把融块装入棉布茶包或干净的棉袜中，这样花材和燕麦的碎片就会保留在袋子里，而不是在浴缸上沾得到处都是。

香子兰玫瑰沐浴融块

这款融块融合了纯净的乳木果脂和玫瑰的沉醉香气，它会帮你在沐浴时为身体和灵魂充电。

制作量：

12~16 个小沐浴融块

原材料：

1/2 杯（110 克）乳木果脂

2 汤匙（1 克）干燥的玫瑰花瓣

5 厘米长的香子兰豆荚（切碎）

玫瑰精油（选用）

将乳木果脂放入一个耐热容器中，并将容器放入平底锅中。向平底锅中加水，深度在 7 厘米左右即可。将平底锅置于炉灶上用小火加热，直至乳木果脂熔化。过度加热会使乳木果脂变成颗粒状，因此一旦其熔化，立即将其从火上取下。

在等待乳木果脂熔化的过程中，用电动咖啡研磨机或研钵研杵将玫瑰花瓣和切碎的香子兰豆荚磨成极细的粉末。

将粉末与熔化的油脂混合并搅拌均匀，如果需要，也可以加入几滴玫瑰精油，而后倒入硅胶模具中，放入冰箱冷藏，直至凝结为固体，然后脱模。混合油脂中的花材粉末通常会沉在模具的底部（脱模后就出现在沐浴融块的表面）。

将融块储存在阴凉干燥处，或放在密封容器中并置于冰箱中冷藏保存。

可在沐浴前边放水边将融块放入浴缸中，它会缓慢熔化，并在你的皮肤上形成薄薄的一层油脂以锁住沐浴过程中的水分。使用时可以把融块装入棉布茶包或干净的棉袜中，这样玫瑰花瓣和香子兰豆荚的碎片就会保留在袋子里，而不是在浴缸上沾得到处都是。

柠檬洋甘菊沐浴融块

这是一款充满活力的沐浴融块，成分包括具有抗炎作用的洋甘菊和柠檬。它可使肌肤光滑并保持水润，让你看起来闪亮精神。柠檬草精油给这款融块增加了清新的柑橘香气，同时给人带来清新振奋的沐浴体验。可可脂的加入令这款融块手感润滑，但是未精炼的可可脂带有强烈的巧克力气味，很难掩盖。如果你希望制成的融块充满柠檬香气，那么可以使用精炼的可可脂，或者在配方中用藤黄果脂代替可可脂。

制作量：

12~14 个沐浴融块

原材料：

2½ 汤匙（35 克）可可脂

5 汤匙（70 克）乳木果脂

1 汤匙（1 克）干燥的洋甘菊花朵

1 茶匙干燥的柠檬皮或粉末

柠檬草精油（选用）

将可可脂和乳木果脂放入一个耐热容器中，并将容器放入平底锅中。向平底锅中加水，深度在 7 厘米左右即可。将平底锅置于炉灶上用小火加热，直至油脂熔化。

在等待油脂熔化的过程中，用电动咖啡研磨机或研钵研杵将洋甘菊花朵和柠檬皮屑磨成极细的粉末。

将粉末与熔化的油脂混合并搅拌均匀，可加入几滴柠檬草精油以得到清新的柠檬香气。而后倒入硅胶模具中，放入冰箱中冷藏，直至凝结为固体，然后脱模。将融块储存在阴凉干燥处，或放在密封容器中并置于冰箱中冷藏保存。

可在沐浴前边放水边将融块投入浴缸中，它会缓慢熔化，并在你的皮肤上形成薄薄的一层油脂以锁住沐浴过程中吸收的水分。使用时可以把融块装入棉布茶包或干净的棉袜中，这样洋甘菊花朵和柠檬皮的碎片就会保留在袋子里，而不是在浴缸上沾得到处都是。

金盏花蜂蜜清洁磨砂膏

磨砂膏通过“打磨”的方式清洁皮肤，从而让人得到明亮柔滑的肌肤感受。生姜和肉桂可以促进血液循环，温暖身体，并和香草精油萃取液一起给产品带来甜美的香气。金盏花可以修复肌肤，并起到滋养作用。甜杏仁油是一种非常滋润的油脂，适合于大多数肤质，但如果你对坚果过敏，则可以使用橄榄油或葵花籽油代替它。温和的液体橄榄皂可以轻柔地洗去皮肤表面的污垢，蜂蜜可以帮助受损皮肤组织重现新生。每周使用这款磨砂膏一到两次，可以使皮肤保持柔滑。

制作量：

120 毫升

原材料：

1/4 杯（71 克）粗海盐

1/2 汤匙（7 毫升）金盏花甜杏仁油浸泡油（制作方法见第 17 页）

1 茶匙天然蜂蜜

1 1/2 汤匙（22 毫升）液体橄榄皂

1/8 茶匙生姜

1/16 茶匙肉桂

1/4 茶匙纯净香草萃取液

将所有原料放入一个小的搅拌碗中，充分混合均匀。一些品牌的液体橄榄皂气味较重，所以制作过程中需要闻一下混合物的气味。如果需要的话，可以向混合物中多加入一些香草萃取液或香料以掩盖橄榄皂的味道。

将制作好的磨砂膏装入一个 120 毫升的罐子中保存。

请先用水润湿皮肤，再使用磨砂膏。使用时从储存罐中舀出磨砂膏在皮肤上涂抹揉搓即可。同时这款磨砂膏也可以作为洗手液使用，用后请用温水冲净磨砂膏。如果在淋浴时或浴缸中使用磨砂膏，由于磨砂膏中含油脂成分，请小心，防止滑倒。

➳ 图片见第 106 页。

牡丹柳橙砂糖磨砂膏

这是一款令人精神振奋的磨砂膏，使用新鲜的牡丹花瓣染色。为了得到最佳的染色效果，请尽量使用深粉色或红色的花瓣。配方中的白砂糖可以帮助去除死皮，同时促进皮肤表面的血液循环。葵花籽油可以保护和修复受损的肌肤。这款磨砂膏可令你肤质柔滑，光彩照人。

制作量：

130 克

原材料：

一小把新鲜的牡丹花瓣（大约 5 克）

½ 杯（100 克）白砂糖

2~3 汤匙（30~45 毫升）葵花籽油或其他轻质油

3 滴甜橙精油

制作牡丹糖

将牡丹花瓣和砂糖放入小型打汁机中搅打，直至混合物的质地和颜色均匀为止。将混合物从打汁机中倒出，并在蜡纸上平铺摊开，风干 1~2 天。如果仍然有大块的砂糖，可以再次用打汁机搅打一遍。

制作磨砂膏

将风干的牡丹糖放入一个小的搅拌碗中，向其中倒入油脂，每次 15 毫升左右。下一次倾倒前要保证碗中的糖和油脂已经混合均匀。加入油脂，直到获得你满意的黏稠度即可。加入 3 滴甜橙精油改善气味，并搅拌均匀。

将制作好的磨砂膏转移到密闭的容器中保存，避免高温和阳光直射，保持干燥，保证不被水淋湿。制成的磨砂膏可以保持数月不变质。

请先用水润湿皮肤，再使用磨砂膏。使用时从储存罐中舀出磨砂膏在皮肤上涂抹揉搓即可。同时，这款磨砂膏也可以在洗手后作为手部磨砂膏使用。

小贴士：如果你的居住地周围没有牡丹，则可以用粉色或红色的玫瑰或石竹花瓣代替。

绿薄荷磨砂膏

绿薄荷为这款磨砂膏增添了提神醒脑的气味，同时还可以起到保湿的作用。葡萄籽油具有快速吸收的特点，同时用后皮肤不黏腻。如果葡萄籽油不易买到，可以用甜杏仁油或葵花籽油代替。这款磨砂膏可用于全身，对于缓解双腿和足部的酸痛和疲劳也特别有效。

制作量：

156 克

原材料：

½ 杯（112 克）乳木果脂、杧果脂或酪梨油

2 汤匙（30 毫升）薄荷葡萄籽油浸泡油（制作方法见第 17 页）

40~50 滴绿薄荷精油（选用）

¼ 杯（50 克）白砂糖

将乳木果脂、杧果脂或酪梨油放入一个中型搅拌碗中。在这一配方中，我们不要熔化油脂。如果你使用的油脂质地较硬，那么就买另一个牌子的。在这个配方中，我们需要的是质地疏松柔软的油脂。

用手持式搅拌器搅打油脂 2~3 分钟，或者直到其蓬松柔软为止。如果你使用的是价格低廉的搅拌器，为了防止发动机过热，在整个搅拌过程中你需要停下来几次，等待它冷却下来。向油脂中加入浸泡油和绿薄荷精油，并继续搅打 2~3 分钟。这时的油脂应该是轻盈蓬松的，就像结霜的黄油冰激凌。

轻轻翻拌白砂糖，并裹入搅打好的油脂中，直至混合均匀，然后用勺子将其转移到容器中保存。

请先用水润湿皮肤，再使用磨砂膏。使用时从储存罐中舀出磨砂膏在皮肤上的干燥部位涂抹揉搓即可，应避免在面部或其他敏感部位使用。最后，用温水冲净。

将磨砂膏储存在阴凉干燥处，其保质期为 3~6 个月。注意，如果不小心用水弄湿了磨砂膏，它很容易变质。

小贴士：如果想要制作一款具有舒缓作用的磨砂膏，可以尝试使用薰衣草代替绿薄荷。

植物盐足部磨砂块

　　将海盐和新鲜花材混合，同时加入具有软化角质功效的椰子油，我们可以制作出五颜六色的天然磨砂块。这款磨砂块可以帮助我们改善粗糙干燥的足部皮肤，使之变得光滑柔软。这款配方中可以使用的花材包括紫罗兰、玫瑰、蒲公英、牡丹、石竹以及连翘等。如果想要制作绿色的磨砂块，也可以试试薄荷或香蜂叶。这种磨砂块每一周或两周使用一次即可，如果你的足部特别粗糙或干燥，也可以增加使用频率，直到足部皮肤的光滑程度达到你的要求为止。

制作量：

4~5 个磨砂块

原材料：

¼ 杯（70 克）粗海盐

¼ 杯（5 克）新鲜花瓣（蓬松状态）

2 汤匙（27 克）椰子油

制作鲜花盐

　　用一个小咖啡研磨机将海盐和花瓣混合均匀，而后将染好色的海盐平铺在一张蜡纸上，风干过夜。海盐可以帮助花瓣迅速脱水干燥，而且颜色依旧鲜艳。制作好的鲜花盐色彩亮丽，可保存数月，可在磨砂膏和浴盐配方中使用。

制作海盐磨砂块

　　将椰子油放在一个小平底锅中熔化，边搅拌边加入鲜花盐。将混合物倒入硅胶模具中，然后置于冰箱中冷藏半个小时或直至凝固。

　　制作好的磨砂块在温暖的天气比较容易熔化，所以最好放在密封容器中，并置于冰箱中冷藏保存。

　　沐浴时，可以使用一两块磨砂块在你的足部按摩擦洗。海盐有助于去除角质，会在洗澡水中慢慢熔化，而椰子油会停留在皮肤表面并锁住水分，使皮肤柔软光滑。磨砂块中含有椰子油成分，所以当你离开浴缸时，要小心防止滑倒。

洋甘菊黑糖磨砂块

黑糖可以帮我们温和地去除皮肤表面的角质和污垢；洋甘菊适用于大多数肤质，可以舒缓皮肤；椰子油具有卓越的抗菌和保湿功效，如果你对它过敏，可以使用葵花籽油、橄榄油或甜杏仁油代替。蜂蜜是护肤配方中的重要添加剂，使用后会令肌肤如获新生、充满活力。黏腻的可可脂将上述原料黏合在一起，制作成方便使用的小块，用后令皮肤柔滑细嫩。

制作量：

5 个磨砂块

原材料：

2 汤匙（28 克）可可脂

1½ 汤匙（15 克）洋甘菊椰子油浸泡油（制作方法见第 17 页）

½ 汤匙（7 毫升）天然蜂蜜

¼ 杯（56 克）黑糖

将可可脂和洋甘菊椰子油浸泡油放入一个耐热容器中。为了清洗方便，也可以使用废弃的罐头盒代替。将容器放入平底锅中，并向其中加水，水深在 7 厘米左右即可。将平底锅置于炉灶上用小火加热，直至可可脂熔化。

将容器从火上取下，搅拌其中的油脂，同时边搅拌边向其中加入蜂蜜和黑糖。将混合物舀入制冰格中，然后放入冰箱中冷藏，直至混合物凝固，而后脱模。

在夏天或气温较高的时候，我们需要把磨砂块保存在阴凉处或冷藏在冰箱里以防止熔化。

沐浴时，可以使用一两块磨砂块在身体的干燥粗糙部位擦洗。这种磨砂块对于改善足部皮肤状况特别有效，能使我们在夏天自信地穿上凉鞋。这种磨砂块每一两周使用一次即可，但对于皮肤特别粗糙的部位（比如足部），也可以增加使用频率，直至足部皮肤的光滑程度达到你的要求为止。磨砂块中含有可可脂和椰子油成分，所以当你离开浴缸时，要小心防止滑倒。

唇部护理

大型商场里小小的一盒润唇膏、唇彩或唇部磨砂膏通常售价不菲，而我们完全可以在家里制作出适合自己的产品，而且并不需要什么花费。

润唇膏可能是我们身边最简单的自制产品，而且制作起来非常有趣。在本章中，我会和大家分享我最喜欢的几个润唇膏配方，此外也会介绍两三种唇部磨砂膏，帮助你保持唇部皮肤光滑无角质。

当你按照我提供的配方尝试制作产品之后，你可能希望自己创造出更多不同的唇部护理用品。你只需按照我提供的细节说明，就一定能制作出最完美、最适合自己的润唇膏。

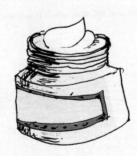

挚爱草本润唇膏

我在后文中列出了一些有趣的润唇膏配方，而它们只展现出了有限的几个功效。当你按照这些配方自己尝试制作一两次之后，可以翻到本书第 130 页，按照上面提到的要点，动手制作符合你自身要求的润唇膏。

配方中的原材料都是按照重量列出的，可以使用电子秤称量，得到最佳配比。但是，也有一些读者没有电子秤，这样就不能很好地与配方中的推荐量保持一致。下面是一些原材料体积和重量的换算方法，在制作过程中可供参考。

- 1 汤匙油类约为 10~12 克
- 1 汤匙脂类约为 14 克
- 1 汤匙紧实的蜂蜡约为 10 克

每种润唇膏的制作说明都是相同的，可以选择看起来最适合你的来制作（见第 126~129 页）。下面就找到所需原材料，按照说明开始制作吧！

制作润唇膏和唇彩

将油类、脂类（如果需要的话）以及蜂蜡加入耐热容器中，为了清洗方便，也可以使用废弃的罐头盒。如果你的配方中需要加入紫草根作为着色剂，请在加热前将其加入油脂中。

将上述容器放入平底锅中，并向锅内加入深度为 2.5~5 厘米的水，而后将平底锅用小火加热，直至蜂蜡熔化。将容器从火上取下，加入精油（如果需要的话），而后将油脂混合物倒入润唇膏管或小铁盒中。

制作好的润唇膏需冷却数小时方可凝固。凝固后需盖好盖子，避免高温和阳光直射。只要储存方式得当，润唇膏的保质期可达 6~9 个月。

挚爱草本润唇膏（续）

经典胡椒薄荷润唇膏

蓖麻油能给唇部带来光泽，同时可以令这款薄荷味的润唇膏易涂抹，使唇部保持水润，重获新生。

制作量：

12~14 管润唇膏

原材料：

28 克薄荷葵花籽油浸泡油（制作方法见第 17 页）

14 克蓖麻油

14 克蜂蜡

8~10 滴胡椒薄荷精油

巧克力薄荷润唇膏

由于巧克力豆和胡椒薄荷精油的加入，这款润唇膏带有美味的薄荷巧克力味道。制作时，需将巧克力豆与蜂蜡及可可脂同时放入容器中熔化。

制作量：

14~16 管润唇膏

原材料：

42 克薄荷葡萄籽油浸泡油（制作方法见第 17 页）

14 克可可脂

14 克蜂蜡

6 个巧克力豆

10~12 滴胡椒薄荷精油

罗勒青柠润唇膏

罗勒具有惊人的抗炎和抗衰老功效。青柠精油会为润唇膏带来令人愉悦的美好气味，但请确保你所使用的精油是经过蒸馏的，否则它将导致你的唇膏容易因光照而变质。

制作量：

12~14 管润唇膏

原材料：

28 克罗勒橄榄油浸泡油（制作方法见第 17 页）

14 克蓖麻油

14 克蜂蜡

10~12 滴蒸馏过的青柠精油

挚爱草本润唇膏（续）

雏菊香草润唇膏（图1）

研究表明，雏菊具有非常卓越的治疗功效，这款润唇膏用于修复干裂的嘴唇非常有效。香草精油（不同于香草萃取液），它可以为润唇膏提供很不错的味道，如果你没办法买到，则可以不加或者用胡椒薄荷精油等来代替。

制作量：

14~16 管润唇膏

原材料：

42 克雏菊橄榄油浸泡油（制作方法见第 17 页）

14 克杧果脂

14 克蜂蜡

10~12 滴香草精油

蒲公英车前草唇部干裂修护霜（图2）

蒲公英和车前草是我们身边处理皮肤问题时效果最好的两种药草，它们通常生长在我们的院子里，廉价易得。如果你正被嘴唇干裂所困扰，那么这个配方是最适合你的。

制作量：

6 盒（每盒 14 克）

原材料：

28 克蒲公英浸泡油（制作方法见第 17 页）

28 克车前草浸泡油

14 克藤黄果脂

14 克蓖麻油

14 克蜂蜡

10~12 滴胡椒薄荷精油

玫瑰唇彩（图3）

这款唇彩的玫瑰红色源自紫草根的加入，制作成盒装唇彩时会比管装唇膏看起来颜色深一些，涂在嘴唇上时呈现出漂亮的浅桃红色。制作时你可以按个人需要调整紫草根的加入量，以得到从浅粉到深红的不同颜色。

制作量：

4 盒（每盒 14 克）

原材料：

42 克玫瑰浸泡油（制作方法见第 17 页）

14 克蓖麻油

14 克蜂蜡

1/8 茶匙紫草根

素食向日葵唇彩

向日葵蜡是无色的，可以制作出纯白色的润唇膏，因此非常方便染色。为了利用向日葵蜡良好的调节能力，同时也为了切合向日葵的主题，我在这个配方中使用向日葵葵花籽浸泡油。

制作量：

2 盒（每盒 14 克）

原材料：

19 克乳木果脂

4 克向日葵蜡

14 克向日葵葵花籽油浸泡油（制作方法见第 17 页）

1/8 茶匙紫草根

创造你自己的润唇膏

　　家庭自制润唇膏非常简单，而且制作出的产品也比商场买来的要好很多。你只需要学会一种最基本的配方，就可以演变出各种各样的个性化润唇膏和唇彩。同时它们还是送给朋友和家人的好礼物。

　　下面这个基础配方是我所有润唇膏配方的基石，它可以帮助滋养保护唇部的娇嫩皮肤，使之水润光滑。请仔细阅读制作说明中有关个性化制作润唇膏的重要段落，包括如何选择花材、精油、天然染色剂和蜂蜜。

制作量：

12~16 管润唇膏

原材料：

43 克油脂（浸泡油或纯油脂，浸泡油的制作方法见第 17 页）

14 克乳木果脂、杧果脂或酪梨油（选用）

14 克蜂蜡

8~12 滴精油（选用）

小贴士：如果你的润唇膏最终是储存在小罐或小铁盒中使用，而不是装在管子里，请在配方中多加入 14 克油类，这样它的质地就会更柔软，用手指涂抹起来就会更方便。

素食主义者可以使用 8~10 克小烛树蜡或 6~8 克向日葵蜡代替配方中的蜂蜡。

　　将你选用的油类、脂类（如果需要的话）和蜂蜡放在耐热容器或废弃的罐头盒中，待用。

　　乳木果脂、杧果脂和酪梨油的质地都比较柔软，可以加入到润唇膏的配方中。如果不加入这些脂类，可能会影响配方中油类和蜂蜡的添加比例。而如果你想要使用质地较硬的脂类，比如可可脂或藤黄果脂，那么就需要向配方中额外加入 3~4 克油类以使制作出的润唇膏质地柔软。

　　将装满油脂和蜂蜡的容器置于平底锅中，并向锅中加入 2.5~5 厘米深的水。用小火加热平底锅，直至蜂蜡熔化。将容器从火上取下，加入精油（如果需要的话），而后将油脂混合物倒入润唇膏管或小铁盒中。

　　将制作好的润唇膏冷却数小时，或直至其凝固。如果你感觉它太软，可将其再次加热熔化，加入少量蜂蜡。如果过硬，则熔化后加入少量油类。

　　将制作好的润唇膏盖好盖子，避开高温和阳光直射。润唇膏的保质期取决于原材料的品质，不新鲜的油脂腐败速度更快，但大多数家庭自制的润唇膏都可以使用 6~9 个月。

个性化你的润唇膏配方

相对于其他品种，一些花园中的花材更加适合用于制作润唇膏。

下面是一些可以用来制作润唇膏中浸泡油的植物花材。

罗勒——皮肤修复

洋甘菊——抗炎

雏菊——修复受损皮肤

蒲公英花朵——修复干裂皮肤

香蜂叶——抗击引起唇疱疹的病毒

车前草——修复干裂的唇部皮肤

薄荷——为油脂增加香气

向日葵花瓣——皮肤调理

紫罗兰叶——修复脱皮、干燥的唇部

下面是一些适合制作润唇膏的油类。

杏仁油——适用于敏感或成熟肤质

酪梨油——滋润作用

蓖麻油——强烈推荐，增加唇部光泽，使唇部皮肤平滑

椰子油——容易熔化，可看作油类，而不是固体的脂类

葡萄籽油——质地轻薄，易吸收

大麻籽油——滋润作用

橄榄油——多用途且易得

葵花籽油——质地轻薄，修复受损肌肤

甜杏仁油——软化唇部皮肤

琼崖海棠油——对多种皮肤问题均有帮助

护肤用的脂类也有多种选择，同时将它们加入润唇膏中，可使配方更丰富，同时可以延长润唇膏的保质期。乳木果脂、杧果脂和酪梨油的质地都比较柔软，可以加入到润唇膏的配方中。如果不加入这些脂类，可能会影响配方中油类和蜂蜡的添加比例。而如果你想要使用质地较硬的脂类，比如可可脂或藤黄果脂，那么就需要向配方中额外加入 3~4 克油类以使制作出的润唇膏质地柔软。

下面是一些适合制作润唇膏的脂类。

可可脂——滋养黏腻，保护肌肤

藤黄果脂——适合修复干燥、受损的肌肤，是可可脂很好的替代品

乳木果脂——适合修复风化、干燥的肌肤，未精炼的乳木果脂带有一定的气味

杧果脂——补水和软化角质，可使用乳木果脂代替

酪梨脂——具有非常好的滋润和平滑效果，特别适合那些对坚果过敏的人群

给润唇膏着色及向其中添加精油

由于润唇膏富含油脂，且不含水分，所以我们向其中加入的染色剂必须是脂溶性的。

紫草根——使用一小点儿，即可得到从粉色到深红的色彩序列

胭脂树籽——橙色

小球藻——石灰绿

在制作唇彩前，可以先将上述天然染料用油脂浸泡，而后用纱布过滤。这样可以减少唇膏中的彩色小颗粒。

天然黏土也可以用于染色，但它不适用于润唇膏。因为它们具有吸水性，会脱去唇部水分，造成干裂。

添加合适的精油，会给润唇膏带来令人愉悦的气息。有时它们也是一种调味品，当然这不同于我们小时候用过的糖果味唇膏。冷压柠檬和青柠精油具有光毒性，如果你在户外活动前使用它，会更容易晒伤，但蒸馏过的精油可以安全使用。

➥ 柠檬——只可使用蒸馏过的   ➥ 胡椒薄荷

➥ 青柠——只可使用蒸馏过的   ➥ 玫瑰

➥ 橘子   ➥ 绿薄荷

➥ 甜橙   ➥ 香草

如果要增加一些巧克力味道，可以在熔化的油脂未倒入润唇膏管中之前，边搅拌边加入可可粉（未加糖的）或未精炼的可可脂。

向润唇膏中加入蜂蜜

润唇膏是天然不含水的产品，也就是说它的成分全是油脂，没有任何水分。但蜂蜜是一种以水为基质的原材料。众所周知，水分和油脂无法轻易混合在一起。所以，对于如何向润唇膏中加入蜂蜜，需要进行一下说明。

当制作润唇膏所用的原材料熔化后，将其从火上取下，同时趁热边搅拌边加入蜂蜜。按照本书给出的润唇膏基础配方，可以尝试加入大约¼茶匙的蜂蜜。持续搅拌大约2分钟，让混合物静置，直至其开始凝固。继续搅拌2~3分钟，而后用勺子将其转移到润唇膏管或小罐中。额外的搅拌会促进蜂蜜进一步与润唇膏融合，当然尽管如此，它还是有可能再一次析出。值得注意的是，不要把含有蜂蜜的润唇膏储存在金属盒中，因为一切可能含水的原料都有可能导致金属盒生锈。

洋甘菊唇部磨砂膏

冬季室外的冷空气和室内的热空气对皮肤、头发和娇嫩的嘴唇伤害极大。每周使用这款温和的磨砂膏一至两次，同时在用后辅以滋润度较高的润唇膏，可以修复干裂的嘴唇。洋甘菊具有缓解刺激和抗炎的能力，葵花籽油能够修复磨损的肌肤。此外，橄榄油、甜杏仁油、玫瑰果油、荷荷巴油、大麻籽油和酪梨油也可以用于此配方。

制作量：

¼ 杯（60 毫升）唇部磨砂膏

原材料：

2 汤匙（30 毫升）葵花籽油

1 汤匙（1 克）干燥的洋甘菊花

2 汤匙（26 克）砂糖

用第 17 页介绍的方法制作洋甘菊葵花籽油浸泡油并过滤。

将砂糖和浸泡油混合搅拌，而后转移到一个玻璃罐中，并储存在阴凉处，避免阳光直射。

用手指取一点磨砂膏涂在干裂的嘴唇上，涂抹时动作要轻柔，因为唇部皮肤很薄，而且非常敏感。尽管原料都是可食用的，而且舔食不会对人体造成伤害，但是这个配方并非用于内服。使用后，请用温水洗净磨砂膏，同时使用本章前面介绍的手工制作的滋润度较高的润唇膏涂抹嘴唇。

薄荷唇部磨砂膏

　　这款天然染色的磨砂膏是使用花园中薄荷的好方法。常见的白砂糖是去除干裂死皮的有效原料。在这款磨砂膏中，白砂糖与甜杏仁油结合使用，可以软化和调节我们唇部的肌肤。如果你对杏仁或其他坚果过敏，也可以用橄榄油、葵花籽油或者酪梨油来代替。由于磨砂膏的作用较强，而嘴唇又比较娇嫩，所以最好一两周使用一次磨砂膏，同时用毕要涂上滋润度高的润唇膏，从而保持唇部柔软光滑。

制作量：

3 汤匙（37 克）薄荷唇部磨砂膏

原材料：

2 汤匙（26 克）白砂糖

2~3 片新鲜的薄荷叶（切碎）

1 汤匙（15 毫升）甜杏仁油

　　用小型打汁机将砂糖和薄荷叶粉碎并混合均匀，然后将混合物均匀铺在蜡纸上风干 1~2 天。干燥后，砂糖仍能保持新鲜的绿色。如果砂糖中仍有较大的颗粒，则使用打汁机再搅打一次。

　　将砂糖和油脂放入一个小罐内并混合均匀。

　　用手指取一点磨砂膏涂在干裂的嘴唇上，涂抹时动作要轻柔，因为唇部皮肤很薄，而且非常敏感。尽管原料都是可食用的，而且舔食不会对人体造成伤害，但是这个配方并非用于内服。使用后，请用温水洗净磨砂膏，同时使用滋润度较高的润唇膏涂抹嘴唇。

　　小贴士：在薄荷的生长季可以多制作一些薄荷糖并保存起来。这样在一年中没有薄荷生长的季节，我们就有充足的薄荷糖制作护肤品以及食用。薄荷糖可以加入茶中饮用，也可以涂抹在吐司上或撒在松饼上食用。

头发护理

美丽、有光泽的秀发来自健康的饮食及生活方式，同时也与定期修剪和保养有关。尽管我们努力保养，但是日常生活中的很多东西（例如吹风机、熨斗、游泳池中的水以及太阳光）都会对我们的头发造成很大的伤害。

在你花大价钱购买昂贵的头发护理产品之前，试试下面这些配方吧！它们都是使用很容易得到的纯天然材料制成的，比如蜂蜜、椰子油和醋，以及花园中就能采摘到的对发质有益的植物花材。

如果你的发质已受损且需要深层修复，那么可以试试蜀葵发梢修复软膏（见第141页）、荨麻椰子油蜂蜜发膜（见第142页）以及向日葵焗油护理剂（见第144页）。能有效对抗头屑的百里香喷雾剂以及根据个人需要定制的金盏花猫薄荷护发素，都能大大改善你干燥、易脱皮屑的头皮状态。

在本章中，我还会告诉你如何制作适合自己发质类型的个性化植物洗发水。

蜀葵发梢修复软膏

解决发梢开叉的唯一正确办法就是剪掉它，而这款软膏可以在两次剪发之间帮我们保持头发顺滑。阿甘油具有很强的修复能力，非常滋润，能强健发质，并能为头发增加光泽，但是价格比较高。如果它不在你的预算范围内，可以使用椰子油或橄榄油来代替。蜀葵具有很强的平滑和保湿功效，此外向日葵和荨麻也是不错的选择。芦荟凝胶可以使这款软膏质地轻盈且容易洗净，富含维生素的乳木果脂可以把所有的原料黏合起来，且不含任何蜡质成分。针对这款头发修复软膏，有一点要注意的是，很少的用量就会产生非常显著的效果。

制作量：

60 毫升

原材料：

2 汤匙（30 毫升）阿甘油

1 汤匙（1 克）碾碎的干燥蜀葵叶或花

1 汤匙（14 克）乳木果脂

1 汤匙（15 毫升）芦荟凝胶

2~3 滴你喜欢的精油（选用）

天然防腐剂（选用）

选用第 17 页中介绍的方法，用蜀葵和阿甘油制作浸泡油。在进行后续步骤之前，过滤制作好的浸泡油。

将乳木果脂放在一个小罐或耐热容器中，将上述容器放入一个装有热水的平底锅中，直至乳木果脂熔化。熔化后将乳木果脂和蜀葵阿甘油浸泡油混合。

将上述混合物放在冰箱中冷藏 30 分钟或直至其凝固。用叉子搅拌混合物，边搅拌边加入芦荟凝胶，而后剧烈搅拌 2 分钟，这时混合物会变成不透明的软膏状。这个时候可以向产品中添加精油和防腐剂。将混合物静置 5 分钟，等待其凝固，而后再用叉子搅拌一次。这时你的软膏就变得比较黏稠了。

使用时用指尖蘸取少量软膏涂抹在头发上，直至发梢。由于发质不同，头发对软膏的吸收少则可能需要 30 分钟，多则需要数小时，而后头发就会变得健康又有光泽。如果用后头发看起来油腻，说明你使用的量太多了，那么下次就少用一些。

如果你没有向软膏中加入防腐剂，请将它储存在阴凉处，并在数周内用完。

荨麻椰子油蜂蜜发膜

荨麻能够增强头发的强度、增加发质光泽以及使发质保持健康。椰子油能够修复受损发质，但如果你对它过敏，可以用荷荷巴油代替，它们的功效类似。天然蜂蜜作为头发护理的原料可能听起来很奇怪（而且黏糊糊的），但它可以帮助我们温和地清洁头发，并为头发锁住水分，使之自然顺滑。

制作量：

12~24 次用量，取决于头发的长度和发质。

原材料：

¼ 杯（3 克）干燥的荨麻叶

½ 杯（100 克）未精炼的椰子油

天然蜂蜜（按需要的量准备）

按照快速浸泡法（见第 17 页），用椰子油浸泡荨麻并过滤。保存制作好的浸泡油时要注意避免高温和阳光直射，保质期为 9~12 个月。

使用时，将荨麻椰子油浸泡油和天然蜂蜜等比例混合，比如一茶匙浸泡油加上一茶匙蜂蜜，混合搅拌均匀。用量的多少主要取决于你头发的长度、发质以及损伤程度。

淋浴时，用水浸湿头发，而后向头发上涂抹发膜，除非你的头皮特别干燥且易蜕皮，否则一定避开头皮使用。让发膜在头发上停留 5~10 分钟，直至淋浴结束。用洗发水洗掉发膜，并用水冲洗干净。

发膜的使用频率因人而异，一些发质可能需要频繁使用，比如每周一两次，而有些发质可能一两个月使用一次即可。请根据个人情况决定使用频率。

百里香头皮屑喷雾剂

刺痒多皮屑的头皮不仅涉及护理保养的问题，还会让人非常不舒服。具备抗菌功效的百里香是清除和治疗头屑的最佳选择，蜂蜜可以减少头屑并锁住头皮中的水分，苹果醋可以调节头皮的 pH 并使头发看起来健康有光泽。每次洗发后坚持使用这款喷雾剂，你的头屑问题会在数周后有明显改善。如果这款喷雾剂对你无效，那么你的头屑问题很有可能是由于洗发水中的某种成分或者你的饮食结构造成的。

制作量：

$\frac{1}{2}$ 杯（120 毫升）

原材料：

$\frac{1}{4}$ 杯（1 克）切碎的百里香（干燥的或新鲜的均可）

$\frac{1}{2}$ 杯（120 毫升）苹果醋

1 茶匙天然蜂蜜

将百里香和苹果醋放进一个 250 毫升的罐头瓶里，静置浸泡 2~3 天，而后过滤。将过滤后的苹果醋和蜂蜜搅拌混合在一起。

将上述制作好的混合物装入喷雾瓶中。洗发后将喷雾剂均匀地喷向头皮，为了方便浸湿尽可能多的头皮，可以将头发提起来。注意不要把喷雾剂弄到眼睛里，如果不慎进入眼中，请用大量水冲洗数分钟。用手指轻柔地按摩头皮，帮助吸收喷雾，而后用水冲洗干净即可。

小贴士：如果买不到百里香，可以选用金盏花、薰衣草、薄荷、迷迭香或者鼠尾草来代替，它们都是对抗头皮屑的不错选择。

向日葵焗油护理剂

　　与其花大价钱到商场购买昂贵的小包装焗油护理剂，不如我们尝试自己在家中制作一些。向日葵花瓣萃取液具有调节发质和改善头发光泽度的作用，常常作为高端护发产品的重要成分，所以这一配方也选用了向日葵作为原材料。荷荷巴油具有滋养及强健发质的突出功效，但是如果它超出你的预算或者无法买到，也可以使用椰子油、橄榄油或葵花籽油代替。

制作量：

½ 杯（120 毫升）

原材料：

½ 杯（120 毫升）荷荷巴油

¼ 杯（5 克）干燥的向日葵花瓣

　　参考第 17 页介绍的方法，制作向日葵荷荷巴油浸泡油并过滤。

　　使用时，将少量浸泡油倒入一个小杯子里。将杯子放到一个装有非常热的水（不是沸水）的碗中大约 5 分钟，或直至浸泡油变得温热。而后将油脂涂敷在头发上。要注意的是，如果需要，可以沿着发丝深入按摩焗油，但除非你的头皮异常干燥或蜕皮，请在距离发根数厘米处停下来，否则头皮会非常油腻。

　　焗油的使用量取决于发质和头发的长度，一般推荐的用量是：短发用 ½ 茶匙，长发用 1 茶匙。让焗油在头发上停留 5~10 分钟，而后用洗发水洗净。

　　如果需要对头发进行更深层的护理，按上述方法将焗油涂抹好之后，用毛巾将头发包起来，让焗油在头发上停留 0.5~1 小时，再用洗发水洗净。

　　类似于向日葵焗油护理剂这样的浸泡油配方的保质期通常为 9~12 个月，注意，储存时必须避免高温和阳光直射。

草本干洗香波

当你某一天起晚了，或者工作太忙而没有时间洗头发，干洗香波可以很好地解决这些问题。这个配方的主要成分是竹芋粉或玉米淀粉，它们可以吸附头发上的油脂。单独使用干洗香波后，会在头发表面留下薄薄的一层白色粉末，所以在这一配方中，我专门为浅色、中间色和深色头发设计了不同的成分。每种干洗香波的成分中都包含一种或多种草本植物粉末，用于调节和改善头皮或用作干洗香波的天然着色剂。用咖啡研磨机磨碎干燥的花材，而后用细孔筛过筛，制作细腻柔滑的花材粉末。大约¼杯（60毫升）的干燥花材可以制作约1汤匙（4克）粉末。

浅发色干洗香波中添加了金盏花粉末，它具有头皮调节能力，同时它的颜色也掩盖了竹芋粉的白色。

中间发色干洗香波中加入了棕色的可可粉和红色的木槿花粉末（或红玫瑰花瓣粉末）。

深发色干洗香波的配方中增加了可可粉的用量，使干洗香波更容易与发色相融合。此外，我还向其中加入了荨麻叶，它具有增加头发韧性的功效，同时还有较深的颜色。也可以使用迷迭香代替荨麻。

制作量：

½杯（65克）干洗香波

原材料：

浅发色干洗香波

1汤匙（4克）金盏花粉末

½杯（65克）竹芋粉

中间发色干洗香波

3汤匙（18克）可可粉

2汤匙（7克）木槿花粉末（红玫瑰花瓣粉末）

½杯（65克）竹芋粉

深发色干洗香波

2汤匙（7克）荨麻叶粉末

½杯（65克）竹芋粉

5汤匙（30克）可可粉

将上述原料放入容器中混合均匀。使用时，取少量洒在头皮上，要注意每次都要一点点地加，避免用量过大。然后用手指轻轻地按摩，再用毛刷刷净干洗香波。

制作你自己的草本洗发香波

这个配方中用到的液体橄榄皂在大多数保健品商店都可以买到。将液体橄榄皂和花草茶混合，并加入一些补水的油脂和好闻的精油，我们就可以制作出效果不错的、适合大多数发质的洗发水。由于这款洗发水呈碱性，因而它不适合用化学试剂染色的发质使用，可能会导致脱色。但是，对于用指甲花染色的头发可以正常使用。

制作量：

180 毫升洗发香波

原材料：

干燥或新鲜的花材

120~150 毫升近沸水

60 毫升液体橄榄皂

¼ 茶匙葵花籽油、橄榄油、荷荷巴油或其他轻质油

20~40 滴精油

天然防腐剂（选用）

食醋护发素（参见第 150 页）

小贴士：为了调节头发的 pH 值以及去除残留的洗发水，在洗发后使用食醋护发素是很有必要的。当水质较硬的时候，或者对于头发较多的人群，这款洗发水用后会有坠重感，这时使用护发素就更有必要了。如果你使用洗发水后感觉效果还可以，那么可以把剩下的作为沐浴露使用，尝试用洗发皂洗洗头发（见第 174 页和第 177 页）。

查看本书中关于植物花材的介绍（参见第 8~15 页），选择几种花材制作洗发香波。我比较推荐以下几种：蜀葵（补水）、向日葵（提升头发光泽度）、迷迭香（解决毛发过重问题）、薰衣草或洋甘菊（解决头皮发痒问题）、金盏花（解决慢性头皮问题）、百里香或鼠尾草（去屑）、玫瑰（针对油性头皮）、紫罗兰（针对干性头皮）以及荨麻（促进头发生长）。

用你选择的植物花材装满 250 毫升罐子的一半，将近沸水倒入罐中。搅动罐子里的花材，确保它们均已浸泡在水中。静置 1 小时，然后过滤，花草茶就制作好了。缓慢地将液体橄榄皂和葵花籽油倒入花草茶中。

为你的洗发香波选择一款精油，可以考虑如下几种：薰衣草精油（缓解头皮干燥）、胡椒薄荷精油（提神）、玫瑰精油（调色）、茶树精油（去屑）或迷迭香精油（抗菌）。如果你正处于孕期或哺乳期，或者有其他慢性健康问题，在使用精油前，请先咨询你的医生。

洗发香波中应加入至少 20 滴精油。

如果使用过程中始终在冰箱里冷藏保存，这款洗发水大约可以保存 1 周的时间。如果想延长它的保质期，可以向其中加入一些天然防腐剂（参见第 26 页）。

使用时先摇匀，再倾倒少量于手心中。这款洗发水可能看起来质地稀薄。用双手揉搓洗发水至起泡，将泡沫涂在头皮和头发上，然后按摩。洗后用水冲干净，并用食醋护发素（参见第 150 页）养护头发。

➥ 图片见第 138 页。

迷迭香胡须油

这款胡须油可以用于调节和治疗剃须后发痒的皮肤。迷迭香可以通过促进血液循环刺激毛发生长并改善毛发整体健康状况。如果迷迭香不容易买到,可以用干燥的薰衣草叶或松针代替。橄榄油具有滋润和软化的功效,适用于所有的皮肤和头发类型。也可以使用葵花籽油、阿甘油、杏仁油、葡萄籽油或甜杏仁油。你可以定制自己的配方,比如尝试使用多种油脂。茶树精油可作为可选材料,它对处理头皮发痒和脱皮有一定的效果。

制作量:

1/2 杯(120 毫升)

原材料:

1/2 杯(120 毫升)橄榄油

3 汤匙(2 克)干燥的迷迭香

1~2 滴茶树精油(选用)

参考第 17 页介绍的方法,用干燥的迷迭香和橄榄油制作浸泡油。

为了使制作好的胡须油气味更浓郁、效果也更加显著,可以将新鲜制作并过滤好的浸泡油倒在一份新的干燥迷迭香上,重复浸泡过程,制作二次浸泡油。

用手指蘸取适量的浸泡油涂抹在胡须上。它的保质期大约为 9 个月,主要取决于你所使用的油脂。

食醋护发素

在使用手工制作的洗发香波和洗发皂洗头发时，洗后用食醋护发素护发是非常关键的一步。它可以调节 pH 值、去除洗发水残留、软化发质以及改善头皮脱皮和发炎的症状。我们有多种食醋可供选用，而且它们对发质的作用很接近。我们通常选用苹果醋，因为其加工过程简单，相对于普通的白醋，也含有更丰富的营养物质。

按照下面的制作过程制作一款完全适合你自己的食醋护发素。如果你手头没有新鲜的植物，也可以使用干燥的材料，用量减半。

制作量：
大约 8 次使用量（2.4 升）

原材料：

2 杯（500 毫升）苹果醋

1 杯（15~20 克）粗略切碎的新

鲜植物花材

8 杯（1.9 升）水

用苹果醋浸泡花材大约两周的时间，然后过滤。

将 1/4 杯（60 毫升）苹果醋和 1 杯（250 毫升）水混合均匀。按照你的发质类型，你可以调整醋和水的比例，以使护发素的作用更强或更温和。

洗发后用这种稀释过的护发素冲洗你的头发和头皮，且用后无须清洗。

为了使用起来更加方便，你可以将未稀释的护发素灌装到小喷雾瓶里，并存放在淋浴房内。洗发后把它喷到头发和头皮上，并用水冲净即可。

可以用于制作这款护发素的花材包括如下种类。

罗勒——抗菌

金盏花——舒缓头皮

猫薄荷——治疗头部蜕皮

洋甘菊——可以增加金发的光泽度

薄荷——促进头皮血液循环

荨麻——刺激头发生长

迷迭香——改善头皮血液循环

鼠尾草——清洁

向日葵——增加头发的光泽度

百里香——防腐、抗菌

紫罗兰——舒缓和保湿

家庭自制手工皂

很多人都对自制手工皂非常感兴趣，不过一旦开始研究它的制作流程，就会有些害怕并备受打击。我非常理解他们的这种想法，因为我曾经也和他们一样。当我第一次制作手工皂获得成功之后，我发现手工皂制作过程中最难的部分就是鼓起勇气开始尝试制作它。你的确必须遵循安全规则，但是只要是有条不紊地按照方法去做，也并没有什么困难。

在手工皂制作中，最让我感到欣慰的就是手工皂治愈了我那极易过敏的孩子的湿疹，使他粗糙干燥的皮肤变得特别光滑。这也使他的医生感到出奇的惊讶。这是用金钱买不来的无价之宝。

在这一章中，我会一步步地教给大家制作手工皂的基本方法。熟悉制作过程后，你可以尝试制作洋甘菊橄榄皂（见第 162 页）。这种手工皂制作起来相当简单，只需要用到两种油脂，而且制成的皂非常温和，适合所有皮肤类型。如果你买不到洋甘菊，本章中也会介绍很多替代配方。

有制作经验的读者可以直接阅读手工皂配方部分，里面介绍了多种具有滋养和治疗功效的手工皂，例如百里香金缕梅面部清洁皂（见第 171 页）和胡萝卜金盏花手工皂（见第 182 页）。

洗发皂也是护肤品 DIY 爱好者喜欢的一类产品，非常适合作为礼物送给家人和朋友。所以，在本章中也介绍了两款我非常喜爱的洗发皂配方，采用向日葵和蜀葵为原料，这两种花材可以使头发顺滑有光泽。

我选用了容易且只使用椰子油制作的手工皂作为本章的结尾。作为洗衣粉，它的清洁效果非常惊人。

手工皂制作基础

在开始制作手工皂之前，有几点非常重要的内容需要每个人都必须知晓。

为了制作手工皂，我们需要把腐蚀性物质与油脂结合起来，发生皂化反应。在过去，我们的祖辈通常使用碳酸钾制作手工皂。碳酸钾通常来自于草木灰或动物的脂肪，对于这样制作出的碳酸钾，我们无法知道它的纯度，也不知道应该加入多少油脂和它进行皂化反应。而最后制作出的手工皂的刺激性通常较强，在清洗衣物时效果显著，但是对皮肤不是非常好。

现在我们可以使用标准化的化学品来制作手工皂，它就是氢氧化钠，俗称碱液。氢氧化钠的含量和成分不会改变，所以我们每次制作时都可以利用网上的"碱液计算器"算出原材料的准确用量。

因此，手工皂制作过程中的所有原材料（包括水和油脂）都需要按照重量称量。按照体积取材是一种比较粗略的方式，原料用量不准确，而且制作结果也不可控。

一些人可能会担心氢氧化钠是一种强腐蚀性物质，如果制成的手工皂中有残留，可能会对皮肤造成伤害。对于这种担心，我们完全可以理解，但是这种担心也完全是多余的。每一个氢氧化钠分子都会和等量的油脂分子发生反应，并形成皂和甘油。只要用量适当，制成的手工皂中就不会有氢氧化钠残留。

我们从商店中购买的香皂也含有化学洗涤剂或氢氧化钠。你可以看一下平时使用的香皂的标签，如果它上面有"皂化反应""椰油酸钠""牛脂酸钠"或"棕榈酸钠"等词语，说明它的制作工艺也是用油脂和氢氧化钠（或称碱液）反应，只是换了一种说法而已。

氢氧化钠是一种腐蚀性较强的化学品，所以在使用时需要格外小心。为了安全起见，我们在制作过程中可以佩戴一副护目镜保护眼睛以预防喷溅，穿长袖套，并戴上橡胶手套。

请在每次操作时都遵循将氢氧化钠加入水中的顺序，而不是反过来操作。如果将水加入氢氧化钠溶液中，则会产生类似于火山喷发的效果，弄得一片混乱。当氢氧化钠和水或其他液体混合时会释放大量的热量，温度迅速升高，短时间内会释放出烟雾，要注意不要用鼻子直接吸入这些烟雾。制作手工皂最理想的地方就是我们厨房里的水盆中，同时要注意开窗通风。

只有成年人可以使用氢氧化钠。在使用过程中，要确保儿童和宠物远离这个区域。装有氢氧化钠的容器要贴好标签，不仅要有文字标识，同时也要贴上表示危险物质的符号，以便不具备阅读文字能力的孩子也可以看懂。

如果不慎将氢氧化钠沾到皮肤上，请立即用大量冷水反复冲洗。如果发生了大面积烧伤或不慎将它弄到眼睛里，请在冲洗后立即到医院进行处理。

我想上述安全警告可能让你觉得氢氧化钠非常可怕。不过反过来想想，每天都有很多人在制作手工皂，他们全都平安无事。而我们每天都在使用的漂白剂也是一种有潜在危害的化学品，如果你能安全使用它，那么你也一定有能力使用氢氧化钠。

制作手工皂需要用到的设备

下面是一些在制作手工皂过程中会用到的基本设备。

电子秤——手工皂制作配方中的原材料，特别是氢氧化钠，都需要特别精确地称量，以使皂化反应进行得充分均衡，所以电子秤是必不可少的。你可以在当地仓储型超市的厨房用品区买到价格合理的电子秤。

温度计——糖果温度计可以用于在手工皂制作过程中测量氢氧化钠和油脂的温度。不过请购买一支专门用于手工皂制作的温度计，与制作糖果使用的温度计区别开。

小量器——用于称量氢氧化钠粉末。请在上面清楚地标明"氢氧化钠"，并贴上表示危险物质的符号给孩子们看。我使用的是一个塑料杯。

耐热水罐——用于混合氢氧化钠和水，可以选用不锈钢或耐用塑料材质。一些人喜欢使用耐热的玻璃容器，但是时间长了，玻璃容器的内壁会被碱液腐蚀而容易破裂，所以并不值得推荐。

装皂液的罐子或大碗——用于混合所有的原材料。它可以是不锈钢材质、高密度塑料、搪瓷或陶瓷制品，但不要使用铝制或带有不粘涂层的容器，因为它们会与碱发生反应。

混合用耐热工具——使用耐热塑料或硅胶勺子、刮刀来混合皂液，以及将其转移到模具中。

橡胶手套、长袖套和护目镜——用于保护手、胳膊和眼睛。

搅棒或浸入式搅拌器——可以大大缩短搅拌时间，所以极力推荐。请不要使用普通手持式搅拌器，因为它们的搅拌方式不同。

模具——如果按照本书中的配方制作手工皂，读者可以购买一个 1.3 千克容量的模具，或者使用制作面包的玻璃模具，可以用羊皮纸或废弃的袋子给它们做内衬。也可以使用有内衬的鞋盒或塑料储物容器作为模具。

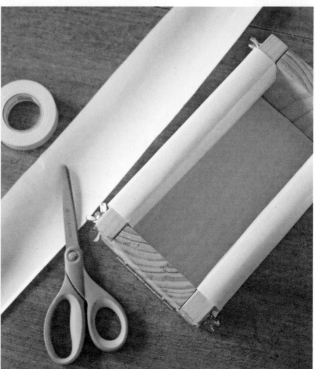
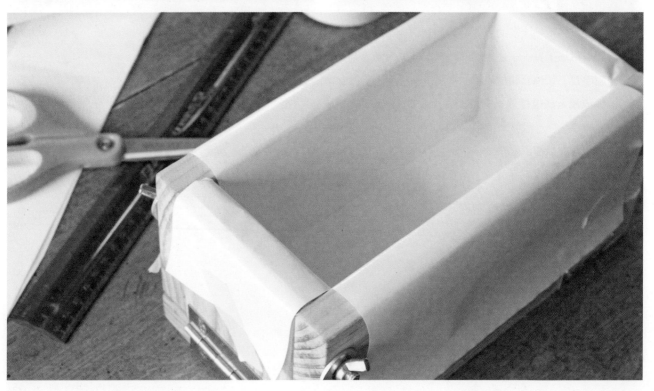

手工皂制作基础（续）

有内衬的容器

　　我们有多种方法制作有内衬的容器，其中之一是使用两张羊皮纸或冷冻纸，一张的宽度与模具的宽度一致，另一张的宽度与模具的长度一致。将这两张纸在模具中交叉，并搭在模具的边缘上，这样在手工皂制作好之后，就可以提起衬纸取出手工皂。

　　如果想要快速制作内衬，可以到超市购买没有气味的垃圾袋。但要注意不能买最薄的那种，它们比较容易撕破，当然你也不需要买特别贵的。使用时，打开袋子，将它放入模具并按压，使其贴合模具的内壁和底部。弄好之后，你会发现袋子的很多部分还留在模具外面，你可以选择将其扎起来或者把多余的部分剪掉。

　　如果你不愿意自己给模具制作内衬，也可以直接购买硅胶模具或者有硅胶内衬的木质模具。这类模具具有不粘的优点，也可以为手工皂更长时间地保留水分。因此，如果使用这类模具，手工皂就需要多放置几天才能脱模。

手工皂的脱模和切割

　　将原料完全混合并倾倒入模具内，24~48小时后，可以将手工皂脱模。这时它已经完全冷却下来，呈固体状态。如果使用硅胶模具或者比较深的模具，皂内的水分能保留更长的时间，这样可能就需要多等待几天使皂变硬，从而容易脱模。如果你在脱模时总是感到比较困难，可以尝试减少配方中水的加入量（减少14克）或者加入大约 1½ 茶匙（7.5毫升）乳酸钠（一种盐类，来源于玉米和甜菜）。上述两种方法都可以使手工皂快速变硬。

　　手工皂硬化并脱模后，将它放在一张羊皮纸或蜡纸上，使用切皂机或一把锋利的刀子均匀地将它切成几块。手工皂的切割厚度可依个人喜好决定，多数人都喜欢把手工皂切成2.5~3厘米的厚度。

加入天然香精和色素

　　可以向手工皂中加入精油以获得天然的香气，只是用量比较大。如果想得到持久的较浓郁的香气，每次制作时大约需要2汤匙（30毫升）的精油。（如果想要清淡一些，用量可以减半。）如果你需要使用精油为手工皂增添香味，网购远比在当地保健品商店购买更为经济实惠，保健品商店里出售的通常都是小瓶装的精油，且价格很高。许多柑橘类精油的气味都散得非常快，而其他一些精油对于制作手工皂来说都太昂贵了。在制作过程中我发现有一些精油用起来不错，包括薰衣草精油、玫瑰天竺葵精油、胡椒薄荷精油、绿薄荷精油、青柠精油、甜橙精油、柠檬草精油和桉树精油。

　　可以加入黏土和植物萃取剂为手工皂进行染色，例如胭脂树种子粉末（黄色和橙色）、紫色巴西黏土、法国绿石泥、玫瑰高岭土和蓝靛粉。

手工皂制作步骤

现在你已经学习了手工皂制作的基础知识，可以开始制作手工皂了。文中介绍的所有原材料（包括水）都是按照重量计量的。

第1步

准备好所有的原材料，并穿戴好安全装备，包括手套、护目镜和长袖套。我在工作前会在工作台上铺上几张蜡纸，这样清理起来比较容易。为你的模具制作内衬，或者使用硅胶模具（见第157页）。

第2步

称量好配方中所需的水或者花草茶，并将其倒入耐热容器中，将容器放入厨房的水盆里（见对页图1），或放置在其他空气流通的位置。用另一个容器称量好要使用的氢氧化钠。

第3步

将氢氧化钠倒入水或花草茶中，用耐热的刮刀或勺子慢慢搅拌，直至氢氧化钠完全溶解（见对页图2）。请注意，务必将碱加入水中，而不是采取相反的方式，以避免发生碱液喷射的危险。不要用鼻子直接吸入溶解过程中释放出的烟雾。将碱液放置在儿童和宠物无法触及的安全位置，冷却30~40分钟，这时碱液的温度可以降低到38~43摄氏度。

第4步

碱液冷却后，开始称量配方中要使用的油脂（见对页图3）。固体油脂（例如椰子油）需要先在双层锅中隔水加热熔化，而后才能和其他液体油脂混合。如果需要的话，可以将油脂多加热一会儿，直至温度达到32~38摄氏度。

第5步

将碱液倒入装有油脂的容器中，用浸入式搅拌器进行搅拌（见对页图4）。每搅拌30秒关闭电源暂停一会儿，以避免搅拌器的电机过热烧毁。持续上述过程，直至皂液能保留划痕为止，整个过程需要2~10分钟。"保留划痕"的意思是说要搅拌至皂液呈浓稠状，当用搅拌器在皂液上划过时，其线条会在皂液上停留一会儿才消失。

第6步

这时，你可以选择制作冷制皂或热制皂。

手工皂制作步骤（续）

冷制皂制作流程（见对页图 1a）

边搅拌皂液边加入其他原料（例如精油、燕麦、蜂蜜等），而后将皂液倒入准备好的模具中。这个时候的皂液仍然具有腐蚀性，所以在此过程中请不要摘下手套。用一张蜡纸覆盖模具的表面，而后盖上模具的盖子，或者盖上一张硬纸板。用毛巾或被子包裹模具进行保温，确保模具放置的位置不会被碰撞，静置 24~48 小时。然后进行脱模、切割，并将切割好的手工皂摆放在蜡纸或有涂层的烘焙台上晾制，此时需要通风。大约 4 周后，手工皂就可以使用了。

热制皂制作流程（见对页图 1b 至图 5）

将皂液倒入一个慢炖锅中，并盖上盖子用小火加热 1 小时，期间每 15 分钟查看一下并进行搅拌。在这个过程中，皂液会发生很多变化。有时，皂液会升得很高，而后又自己落下去；皂液某一部分的颜色可能会变黑或者变成凝胶状，这都是正常现象。加热 1 小时后，最后一次搅拌皂液，这时皂液的黏稠度会令人联想起土豆泥。边搅拌边向皂液中加入其他原料，例如精油、燕麦、蜂蜜等。用勺子将煮过的皂液转移到准备好的模具中，并静置过夜，使之变硬，而后脱模并切割成块。热制皂在切割后可以立即使用，但是将它在空气中晾制数周则可以大大延长它的保质期。

洋甘菊橄榄皂

　　这一配方非常适合初学者尝试，它只含有两种油脂。传统的橄榄皂性质温和，百分之百由橄榄油制成，产生的奶油状泡沫较少。我在这一配方中加入了少量蓖麻油，它可为手工皂增加丰富的泡沫，同时保持橄榄皂温和的特性，特别适合非常敏感的肤质使用。配方中的洋甘菊具有舒缓的功效，可以解决皮疹和其他皮肤炎症。如果你买不到洋甘菊或它的花茶，也可以使用薰衣草、玫瑰、车前草、紫罗兰或金盏花代替。

制作量：

7~8 块

原材料：

¼ 杯（4 克）干燥的洋甘菊或两个洋甘菊茶包

284 克近沸水

105 克氢氧化钠

737 克洋甘菊橄榄油浸泡油（制作方法见第 17 页）

85 克蓖麻油

制作洋甘菊茶

将干燥的洋甘菊或茶包放入耐热水罐中，倒入近沸水浸泡，等花茶冷却至室温后进行过滤。

制作洋甘菊皂

　　戴好手套和护目镜，小心地将氢氧化钠加入冷却的洋甘菊茶中。这时茶的颜色会由浅黄色变为亮橙色，这是正常现象。将上述溶液放置在儿童和宠物无法接触的安全位置，静置 30~40 分钟，直到溶液温度降低到 38~43 摄氏度。

　　在碱液静置冷却的同时，缓慢加热洋甘菊浸泡油至 32~38 摄氏度，而后倒入蓖麻油。将温热的油脂倒入准备好的容器中，而后加入冷却的碱液。

　　用浸入式搅拌器搅拌，每搅拌 30 秒左右关闭搅拌器电源暂停一会儿，然后打开电源继续搅拌，以避免搅拌器的电机过热烧毁。持续上述过程，直至皂液能保留划痕为止。由于这款手工皂富含橄榄油，所以上述过程大约需要 10 分钟。

洋甘菊橄榄皂（续）

冷制皂制作流程

将皂液倒入准备好的模具中，用一张蜡纸覆盖模具的表面，而后盖上模具的盖子，或者盖上一张硬纸板。用毛巾或被子包裹模具进行保温，静置 24~48 小时，然后进行脱模、切割。富含橄榄油的手工皂通常比其他的手工皂需要更长的固化和晾制时间。如果可以晾制 6 周以上，这款皂的使用效果会非常好。

热制皂制作流程

将皂液倒入一个慢炖锅中，盖上盖子并用小火加热 1 小时，期间每 15 分钟查看一下并进行搅拌。最后一次搅拌皂液后，用勺子将煮过的皂液转移到准备好的模具中，并静置过夜，使之变硬，而后脱模并切割成块。热制皂在切割后可以立即使用，但是将它在空气中晾制数周则可以大大延长它的保质期。

小贴士：蓖麻油具有增加泡沫的功能，本配方中加入蓖麻油，可以为少泡的橄榄皂增加丰富的泡沫。如果你无法买到蓖麻油，可以使用 85 克下述油脂中的一种代替，配方中的其他成分均无须改变。它们是可可脂（促进皂硬化）、甜杏仁油（滋润皮肤）或猪油（促进皂硬化）。用其他油脂代替后，制成的手工皂仍然具有很好的清洁效果，只是泡沫可能没有那么丰富。

薰衣草燕麦皂

薰衣草具有镇静的作用，而燕麦具有舒缓的功效。这二者结合起来制成的这款手工皂特别适合干燥、敏感和瘙痒的皮肤。这款手工皂结合了 3 种油脂的优点：甜杏仁油可以滋润肌肤；椰子油可以促进皂硬化，并能产生丰富的泡沫；橄榄油具有非常好的润肤作用，可以软化肌肤。配方中需使用细磨燕麦，其作用是软化水质及舒缓发痒和有炎症的皮肤。薰衣草精油具有令人平静的香气，可作为选用原料。用这一配方制作的无香手工皂效果也非常好。

制作量：

7~8 块

原材料：

1 汤匙（7 克）燕麦片

112 克氢氧化钠

269 克水

482 克薰衣草橄榄油浸泡油（做法见第 17 页）

227 克椰子油

85 克甜杏仁油

2 汤匙（30 毫升）薰衣草精油（选用）

使用电动咖啡研磨机将燕麦磨碎成极细的粉末，然后放置在一旁待用。

戴好胶皮手套和护目镜，小心地将氢氧化钠倒入水中，缓慢搅拌，直至完全溶解。将溶液置于安全位置，静置冷却 30~40 分钟，等待溶液温度降低到 38~43 摄氏度。

在碱液静置冷却的同时，称取油脂，并将其缓慢加热至 32~38 摄氏度。将温热的油脂倒入准备好的容器中，而后加入冷却的碱液。

用浸入式搅拌器搅拌，每搅拌 30 秒左右，关闭搅拌器电源暂停一会儿，然后打开电源继续搅拌。以避免搅拌器的电机过热烧毁。持续上述过程，直至皂液能保留划痕为止。上述过程需要 2~10 分钟。

薰衣草燕麦皂（续）

冷制皂制作流程

边搅拌边加入磨碎的燕麦和薰衣草精油。将皂液倒入准备好的模具中，用一张蜡纸覆盖模具的表面，而后盖上模具的盖子，或者盖上一张硬纸板。用毛巾或被子包裹模具进行保温，静置 24~48 小时，然后进行脱模、切割。将手工皂放在空气流通处晾制，大约 4 周后就可以使用了。

热制皂制作流程

将皂液倒入一个慢炖锅中，盖上盖子并用小火加热 1 小时，期间每 15 分钟查看一下并进行搅拌。1 小时后，边搅拌边加入燕麦粉和薰衣草精油，如果此时皂液非常黏稠，可以加入 1 汤匙（15 毫升）水。充分搅拌后，用勺子将煮过的皂液转移到准备好的模具中，并静置过夜，使之变硬，而后脱模并切割成块。热制皂在切割后可以立即使用，但是将它在空气中晾制数周则可以大大延长它的保质期。

古方玫瑰皂

　　这款手工皂的特点是含有玫瑰花、奶油状的乳木果脂和具有滋润效果的玫瑰果油。玫瑰花瓣橄榄油浸泡油可以软化和改善皮肤，而椰子油为手工皂增加泡沫，并能促进皂硬化。乳木果脂不仅对皮肤有好处，同时也能增加皂的硬度。玫瑰果油具有促进皮肤新生的惊人能力，同时具有治疗功效。玫瑰高岭土可以为手工皂添加天然的粉红色，当然也可将用量减半制作淡粉色的皂，甚至不加入高岭土制作奶白色的手工皂。

制作量：

7~8 块

原材料：

一小把新鲜或干燥的玫瑰花瓣

283 克水

117 克氢氧化钠

425 克玫瑰花瓣橄榄油浸泡油（制作方法见第 17 页）

28 克玫瑰果油

227 克椰子油

113 克乳木果脂

57 克蓖麻油

2 茶匙玫瑰高岭土（选用）

1 汤匙（15 毫升）水

1~2 汤匙（15~30 毫升）玫瑰纯露或天竺葵精油（选用）

制作玫瑰茶

　　将玫瑰花瓣放入耐热容器中，将水加热至接近沸腾状态，然后将水倒在花瓣上。静置玫瑰茶，直至其冷却至室温。此时的玫瑰茶的颜色应该比较浅，而不是深棕色，否则可能会影响手工皂最终的颜色。将玫瑰茶过滤至耐用塑料容器或不锈钢容器中。

制作手工皂

　　戴好胶皮手套、长袖套和护目镜，小心地将氢氧化钠倒入冷却后的玫瑰茶中，缓慢搅拌，直至其完全溶解。玫瑰茶遇到碱液后会变为深棕色，这是正常现象。将溶液置于安全位置，静置冷却45分钟至1小时，待温度降至38~43摄氏度。在碱液静置冷却的同时，称取橄榄油、蓖麻油和玫瑰果油，并将其放置在皂液混合容器中。在双层锅中加热椰子油和乳木果脂，直至其熔化，此时温度应为32~38摄氏度。取一个小碗，将玫瑰高岭土、水和精油混合搅拌均匀。

　　将碱液和油脂混合。用浸入式搅拌器搅拌，每搅拌30秒左右，关闭搅拌器电源暂停一会儿，以避免搅拌器的电机过热烧毁。持续上述过程，直至皂液能保留划痕为止。此过程需要数分钟。

古方玫瑰皂（续）

冷制皂制作流程

将黏土、水和精油的混合物彻底搅拌混入皂液中。将皂液倒入准备好的模具中，用一张蜡纸覆盖模具的表面，而后盖上模具的盖子，或者盖上一张硬纸板。用毛巾或被子包裹模具进行保温，静置 24~48 小时，然后进行脱模、切割。将手工皂放在空气流通处晾制，大约 4 周后就可以使用了。

热制皂制作流程

将皂液倒入一个慢炖锅中，盖上盖子并用小火加热 1 小时，期间每 15 分钟查看一下并进行搅拌。1 小时后，边搅拌边加入黏土、水和精油的混合物，而后用勺子将煮过的皂液转移到准备好的模具中，并静置过夜，使之变硬，然后脱模并切割成块。热制皂在切割后可以立即使用，但是将它在空气中晾制数周则可以大大延长它的保质期。

百里香金缕梅面部清洁皂

利用具有皮肤治疗功效的天然蜂蜜和琼崖海棠油、抗菌的百里香和具有收敛作用的金缕梅萃取液，制成了这款具有抗痘功效的手工皂。具有皮肤软化功效的橄榄油和具有发泡功能的椰子油是这款手工皂的基础原料，葵花籽油为洁面皂增加了丰富的泡沫，适合所有肤色。蓖麻油有增加泡沫的作用，但是如果你手头没有蓖麻油，也可以多加入一些橄榄油来代替它。琼崖海棠油功效强大，所以你只需加入少量即可获得它的抗菌、抗炎和皮肤再生功效。金缕梅萃取液的加入使这款手工皂闻起来有淡淡的草药味，如果你不喜欢这个味道，也可以不加入金缕梅萃取液，用 28 克水代替它即可。

制作量：

7~8 块

原材料：

½ 杯（7 克）新鲜或干燥的百里香（切碎）

227 克近沸水

118 克氢氧化钠

14 克天然蜂蜜

28 克金缕梅萃取液

425 克橄榄油

227 克椰子油

113 克葵花籽油

57 克蓖麻油

28 克琼崖海棠油

制作百里香茶

将百里香放入一个耐热容器中，用近沸水浸泡 1 小时，然后进行过滤。

制作手工皂

将完全冷却的花草茶倒入一个耐热的塑料容器或不锈钢容器中。戴好胶皮手套、长袖套和护目镜。小心地将氢氧化钠倒入冷却后的百里香茶中，缓慢搅拌，直至完全溶解。将溶液置于安全位置，静置冷却 45 分钟至 1 小时，待其温度降至 38~43 摄氏度。

在碱液静置冷却的同时，取一个小碗，将蜂蜜和金缕梅萃取液混合均匀。

称取适量油脂并温和地进行加热，直至温度为 32~38 摄氏度。

将冷却的碱液倒入油脂中。用浸入式搅拌器搅拌，每搅拌 30 秒左右，关闭搅拌器电源暂停一会儿。持续上述过程，直至皂液能保留划痕为止。此过程需要 3~5 分钟。

百里香金缕梅面部清洁皂（续）

冷制皂制作流程

将蜂蜜和金缕梅萃取液的混合物彻底搅拌混入皂液中。将皂液倒入准备好的模具中，蜂蜜的加入会使皂液升温，所以我们不需要将模具覆盖包裹保温。静置 24~48 小时后，进行脱模、切割。最后将手工皂放在空气流通处晾制，大约 4 周后就可以使用了。

热制皂制作流程

将皂液倒入一个慢炖锅中，盖上盖子并用小火加热 1 小时，期间每 15 分钟查看一下并进行搅拌。1 小时后，边搅拌边加入蜂蜜和金缕梅萃取液的混合物，然后用勺子将煮好的皂液转移到准备好的模具中，并静置过夜，使之变硬。热制皂在脱模、切割后可以立即使用，但是将它在空气中晾制数周则可以大大延长它的保质期。

这款洁面皂最好每晚使用，用后可以在脸上涂抹祛痘爽肤水，比如蒲公英百里香食醋爽肤水与滋养液（见第 45 页）。如果需要的话，油性皮肤也可以涂抹一些轻度补水的产品，例如葡萄籽百里香乳液（见第 85 页）。

向日葵洗发皂

目前，利用洗发皂洗头发非常流行，并且是一种"生态友好"行为。洗发皂适用于多种发质类型，但如果使用的水质硬度比较高，你会发现头发上的泡沫很难冲洗干净。用洗发皂洗完头发后，务必要使用食醋护发素，它可以帮助软化发质，同时预防洗发皂残留。向日葵花瓣和葵花籽油是洗发皂中的重要成分，它们常用在高端护发产品中，用于调节发质和增加头发光泽度。阿甘油具有滋养、强健和保护头发的功效，不过如果它超出你的预算，也可以使用甜杏仁油或更多的乳木果脂代替。橄榄油用于滋养和调节发质；椰子油可以促进皂硬化并制造丰富的泡沫；酪梨油能为头发和头皮补充水分，同时也可以促进皂硬化；在手工皂配方中，通常会加入少量蓖麻油以增加泡沫，而在洗发皂的配方中通常会加入较大量的蓖麻油，为的是在洗发时能有类似于洗发水的体验。

制作量：

7~8 块

原材料：

114 克氢氧化钠

283 克水

227 克椰子油

57 克乳木果脂

283 克向日葵橄榄油浸泡油（制作方法见第 17 页）

113 克蓖麻油

113 克葵花籽油

28 克阿甘油

2 汤匙（30 毫升）柠檬草精油（选用）

戴好胶皮手套和护目镜，小心地将氢氧化钠倒入水中，缓慢搅拌，直至完全溶解。将溶液置于安全位置，静置冷却 30~40 分钟，待温度降至 38~43 摄氏度。

在碱液静置冷却的同时，称取油脂并温和地进行加热，直至温度上升到 32~38 摄氏度。将温热的油脂倒入你的皂液制作容器中，而后将冷却的碱液倒入油脂中。

用浸入式搅拌器进行搅拌，每搅拌 30 秒左右，关闭搅拌器电源暂停一会儿。持续上述过程，直至皂液能保留划痕为止。此过程需要 2~10 分钟。

向日葵洗发皂（续）

冷制皂制作流程

边搅拌边向皂液中加入精油，而后将皂液倒入准备好的模具中。静置 24~48 小时后进行脱模、切割，然后置于空气流通处晾制，大约 4 周后就可以使用了。

热制皂制作流程

将皂液倒入一个慢炖锅中，盖上盖子并用小火加热 1 小时，期间每 15 分钟查看一下并进行搅拌。1 小时后，边搅拌边加入柠檬草精油，然后用勺子将煮好的皂液转移到准备好的模具中，并静置过夜，使之变硬。

使用时，浸湿你的头发，而后在头发上轻轻涂抹洗发皂，用手指将泡沫从头皮轻轻按摩至发梢。如果你的头发比较长，也可以先用手揉搓出大量泡沫，而后再涂抹在头发上，以避免头发缠结在一起。洗发后冲净泡沫，并用稀释的食醋护发素进行养护，这样就会拥有一头干净健康、有光泽的秀发！

蜀葵洗发皂

这款洗发皂使用了补水性能很好的蜀葵的叶子和花朵，因此它非常适合中干性的发质。橄榄油可用于软化和改善头发和头皮，椰子油可以制造丰富的泡沫并促进皂硬化，甜杏仁油和乳木果脂可为头皮补水，并缓解头皮干痒症状。大量蓖麻油的加入可以制造丰富的泡沫，创造完美的洗发体验。我喜欢向皂液中加入薰衣草精油和山鸡椒精油，从而得到清新的香气。当然，我们也可以不加任何精油，制造无香洗发皂。用洗发皂洗发后，务必使用食醋护发素进行头发养护，它可以帮助调节头发的 pH 值，并提升头发的光泽度。

制作量：

7~8 块

原材料：

116 克氢氧化钠

283 克水

283 克蜀葵橄榄油浸泡油（制作方法见第 17 页）

227 克椰子油

113 克甜杏仁油

113 克蓖麻油

57 克乳木果脂

1 汤匙（15 毫升）薰衣草精油（选用）

½ 汤匙（7.5 毫升）山鸡椒精油（选用）

戴好胶皮手套和护目镜，小心地将氢氧化钠倒入用耐热塑料容器或不锈钢容器盛装的水中，缓慢搅拌，直至完全溶解。将溶液置于安全位置，静置冷却 30~40 分钟，待温度降至 38~43 摄氏度。

在碱液静置冷却的同时，称取适量油脂并温和地进行加热，直至温度上升到 32~38 摄氏度。将温热的油脂倒入皂液制作容器中，而后将冷却的碱液倒入油脂中。

用浸入式搅拌器进行搅拌，每搅拌 30 秒左右，关闭搅拌器电源暂停一会儿。持续上述过程，直至皂液能保留划痕为止。此过程需要 2~10 分钟。

蜀葵洗发皂（续）

冷制皂制作流程

边搅拌边向皂液中加入精油，而后将皂液倒入准备好的模具中。放置 24~48 小时后进行脱模、切割，然后将其置于空气流通处晾制，大约 4 周后就可以使用了。

热制皂制作流程

将皂液倒入一个慢炖锅中，盖上盖子并用小火加热 1 小时，期间每 15 分钟查看一下并进行搅拌。1 小时后，边搅拌边加入薰衣草精油和山鸡椒精油，而后用勺子将煮好的皂液转移到准备好的模具中，并静置过夜，使之变硬。

使用时，浸湿你的头发，而后在头发上轻轻涂抹洗发皂，用手指将泡沫从头皮轻轻按摩至发梢。如果你的头发比较长，也可以先用手揉搓出大量泡沫，而后再涂抹在头发上，以避免头发缠结在一起。洗发后冲净泡沫，并用稀释的食醋护发素进行养护。

蒲公英手工皂

蒲公英花朵对于改善粗糙干燥的皮肤有特效，将它用具有软化肌肤作用的橄榄油浸泡，再与具有发泡功能的椰子油以及具有滋润功效的葵花籽油配合制作的这款手工皂特别适合用于清除手部的污垢。

制作量：

7~8 块

原材料：

119 克氢氧化钠

241 克水

454 克蒲公英橄榄油浸泡油（制作方法见第 17 页）

85 克葵花籽油

227 克椰子油

85 克可可脂

2 汤匙（30 毫升）柠檬草精油

小贴士：要想拥有光滑洁净的肌肤，请每天坚持使用这款手工皂。用后可以使用质地轻盈且补水的乳液（如金盏花舒缓乳液，见第 81 页）进行保养。

戴好胶皮手套和护目镜，小心地将氢氧化钠倒入用耐热塑料容器或不锈钢容器盛装的水中，缓慢搅拌，直至完全溶解。将溶液置于安全位置，静置冷却 30~40 分钟，待温度降至 38~43 摄氏度。

在碱液静置冷却的同时，称取适量蒲公英橄榄油浸泡油和葵花籽油，并倒入皂液制作容器中。在双层锅中隔水用小火加热椰子油和可可脂，直至其完全熔化。将熔化的油脂和其他油脂混合，测量其温度。合适的温度应为 32~38 摄氏度，如果达不到该温度，则需再对油脂混合物进行加热。

将碱液倒入温热的油脂中，用浸入式搅拌器进行搅拌，每搅拌 30 秒左右，关闭搅拌器电源暂停一会儿，此过程需要 2~10 分钟。

冷制皂制作流程

边搅拌边向皂液中加入柠檬草精油，直至混合均匀，而后将皂液倒入准备好的模具中。静置 24~48 小时后进行脱模、切割，并将其置于空气流通处晾制，大约 4 周后就可以使用了。

热制皂制作流程

将皂液倒入一个慢炖锅中，盖上盖子并用小火加热 1 小时，期间每 15 分钟查看一下并进行搅拌。1 小时后，边搅拌边加入柠檬草精油，而后用勺子将煮好的皂液转移到准备好的模具中，并静置过夜，使之变硬。

胡萝卜金盏花手工皂

　　这款可爱的手工皂适合所有皮肤类型。胡萝卜是个营养储备库，富含抗氧化成分和维生素 A；金盏花橄榄油浸泡油具有舒缓和软化肌肤的功效；椰子油具有发泡功能，同时可以促进皂硬化；葵花籽油适合滋润所有肤质；蓖麻油可以使皂类的泡沫丰富且持久；天然蜂蜜是这款手工皂的特别添加成分，但如果你是素食主义者，也可以去掉这种原料。胡萝卜金盏花手工皂通常用于洁面，不过也可以用于全身清洁，使你的皮肤更加柔软光滑。

制作量：

7~8 块

原材料：

198 克瓶装或自家榨取的纯胡萝卜汁

57 克水

120 克氢氧化钠

425 克金盏花橄榄油浸泡油（制作方法见第 17 页）

227 克椰子油

128 克葵花籽油

71 克蓖麻油

1 汤匙（21 克）天然蜂蜜（选用）

1 汤匙（15 毫升）水（用于热制皂制作过程）

　　将胡萝卜汁和水放入一个耐热的塑料容器或不锈钢容器中。戴好胶皮手套和护目镜，小心地将氢氧化钠倒入稀释过的胡萝卜汁中，缓慢搅拌，直至完全溶解。此时混合物应呈现明亮的橙色，并散发出难闻的气味，这都是正常现象。将溶液置于安全位置，静置冷却 30~40 分钟，待温度降至 38~43 摄氏度。

　　在碱液静置冷却的同时，称取适量油脂，并将其倒入皂液制作容器中。温和地加热油脂，使温度上升至 32~38 摄氏度。

　　将碱液和胡萝卜汁的混合物倒入温热的油脂中，用浸入式搅拌器进行搅拌，每搅拌 30 秒左右，关闭搅拌器电源暂停一会儿。持续上述过程，直至皂液能保留划痕为止。此过程需要 2~10 分钟。

冷制皂制作流程

边搅拌边向皂液中加入蜂蜜，直至混合均匀。这时的皂液应为棕色或深橙色，但在后面的晾制过程中，颜色会变浅。将皂液倒入准备好的模具中，由于皂液中有蜂蜜和胡萝卜汁成分，所以和其他手工皂配方相比，这款手工皂的皂液温度会升高，我们无须为模具保温。如果你看到手工皂的表面出现裂纹，这意味着皂的温度过高，这时请将模具移至阴凉处或冰箱中冷藏 2~3 小时。将模具静置 2~3 天后进行脱模、切割，然后将其置于空气流通处晾制，大约 4 周后就可以使用了。

热制皂制作流程

将皂液倒入一个慢炖锅中，盖上盖子并用小火加热 1 小时，期间每 15 分钟查看一下并进行搅拌。将蜂蜜和水混合并搅拌均匀，这些水能帮助蜂蜜溶入热皂液中而不被烧焦。1 小时后，边搅拌边加入稀释过的蜂蜜，而后用勺子将煮好的皂液转移到准备好的模具中，并静置过夜，使之变硬。热制皂在脱模、切割后可以立即使用，但是将它在空气中晾制数周则可以大大延长它的保质期。

黄瓜薄荷手工皂

这款清凉的、奶油色的手工皂能在炎热的夏日为我们带来清新。法国绿石泥不仅能为手工皂带来漂亮的颜色，同时能舒缓皮肤因蚊虫叮咬和痱子而导致的瘙痒；薄荷橄榄油浸泡油可以调节皮肤；椰子油和蓖麻油能制造丰富的泡沫；滋润的酪梨油富含人体必需的脂肪酸，有助于提升皮肤的状态和活力；胡椒薄荷精油具有清凉和抗炎的功效；黄瓜汁本身就是具有收敛作用的爽肤水，它和薄荷同时使用非常合适；精油的加入可以为手工皂提供香氛感受。在沐浴时使用这款手工皂，定会令人精神振奋、充满活力！

制作量：

7~8 块

原材料：

¼ 根（55~85 克）未剥皮的新鲜黄瓜

227~255 克冷水

118 克氢氧化钠

482 克薄荷橄榄油浸泡油（制作方法见第 17 页）

227 克椰子油

85 克酪梨油

57 克蓖麻油

2 汤匙胡椒薄荷精油

½ 汤匙（8 克）法国绿石泥

1 汤匙（15 毫升）水

将黄瓜和大约 120 毫升水一起倒入打汁机中打碎成泥，而后用细孔筛或过滤器过滤菜泥。过滤后的液体中不能有黄瓜的残渣，我们只需要用到黄瓜汁。继续向黄瓜汁中加水，直至黄瓜汁的重量达到 255 克。

将做好的黄瓜汁放入一个耐热的塑料容器或不锈钢容器中，小心地将氢氧化钠倒入稀释过的黄瓜汁中，缓慢搅拌，直至完全溶解。将溶液静置冷却 30~40 分钟，待温度降至 38~43 摄氏度。

在碱液静置冷却的同时，称取适量油脂，并将其倒入皂液制作容器中。温和地加热油脂，使温度上升至 32~38 摄氏度。

取一个小碗，在其中将精油、黏土和水混匀成黏稠的膏状，然后置于一旁，待用。

将碱液和黄瓜汁的混合物倒入温热的油脂中，用浸入式搅拌器进行搅拌，每搅拌 30 秒左右，关闭搅拌器电源暂停一会儿，以避免搅拌器的电机过热烧毁。持续上述过程，直至皂液能保留划痕为止。此过程需要 2~10 分钟。

冷制皂制作流程

边搅拌边向皂液中加入精油、黏土和水的混合物，直至混合均匀。将皂液倒入准备好的模具中，并在模具上覆盖一张蜡纸，然后盖上模具的盖子或者硬纸板。使用毛巾或毯子包裹模具进行保温，并将其静置 24~48 小时，之后进行脱模、切割。将手工皂置于蜡纸上，在空气流通处晾制，大约 4 周后就可以使用了。

热制皂制作流程

将皂液倒入一个慢炖锅中，盖上盖子并用小火加热 1 小时，期间每 15 分钟查看一下并进行搅拌。1 小时后，边搅拌边加入精油、黏土和水的混合物，而后用勺子将煮好的皂液转移到准备好的模具中，并静置过夜，使之变硬。热制皂在脱模、切割后可以立即使用，但是将它在空气中晾制数周则可以大大延长它的保质期。

➤ 图片见第 152 页。

椰子油洗衣皂

这款单纯使用椰子油制作的手工皂是专门为清洗衣物设计的。它其中不含任何其他油脂，因此相对于清洁皮肤，它更适合清洁衣物上的顽固污渍。按照下面的制作方法，你可以把它做成去污棒，或者按照第 226 页介绍的配方制成家用洗衣粉。我通常都会制作朴实无华的洗衣皂，不过你也可以向配方中加入精油，以得到你喜欢的天然香气。薰衣草、胡椒薄荷和柠檬草精油是 3 种气味清新的精油产品，都可以在洗衣皂中使用。由于纯净的椰子油非常容易凝结，因此制成的洗衣皂晾制两周后即可使用。

制作量：

7~8 块

原材料：

283 克水

146 克氢氧化钠

794 克椰子油

2 汤匙（30 毫升）精油（增添香味，选用）

将水放入耐热的塑料容器或不锈钢容器中，小心地将氢氧化钠倒入水中，缓慢搅拌，直至完全溶解。将溶液静置冷却 30~40 分钟，待温度降至 38~43 摄氏度。在碱液静置冷却的同时，温和加热椰子油，直至其熔化（32~38 摄氏度）。将油脂倒入皂液制作容器中。

将碱液倒入温热的椰子油中，手动搅拌 1~2 分钟。在通常状况下，椰子油都会快速凝结，所以可能根本不会用到浸入式搅拌器。如果经过一两分钟的搅拌，椰子油并没有凝结，则可以使用浸入式搅拌器以 1~2 分钟为周期进行间歇式搅拌，直至皂液能保留划痕为止。

将皂液倒入准备好的模具中，并敞口摆放在不会被碰撞到的位置，静置 2~3 小时。相对于其他手工皂，椰子油手工皂需要提前进行切割，因为它凝固得非常快。如果在切割前放置太久，它会变得很脆且易碎，不容易切割。静置约 2 小时后，检查手工皂是否已足够坚硬，是否可以开始切割。虽然椰子油手工皂凝固的速度非常快，但是在 12~24 小时之内，它仍然具有腐蚀性，所以在操作过程中注意佩戴手套。

将切好的手工皂放置于蜡纸或有涂层的烘焙台上进行晾制，保证空气流通，大约 2 周后就可以使用了。

制作去污棒时，可以将每块洗衣皂切成大小相同的 2 条或 3 条，做成容易用手握住的棍子的形状。使用时，将衣服弄脏的部位用水打湿，用去污棒涂抹这个位置，直至产生泡沫，而后正常清洗即可。这款去污棒适用于大多数可机洗的衣物，不过为了保险起见，请在使用前在衣物一角少量涂抹试验一下。

家用草本药物

在本章中，你的植物花材会真正散发出它们的光彩和魅力！

你会在这里学到如何制作治疗疼痛、咳嗽、咽喉痛和其他类似病痛的药剂。我会在本章中和你分享几种可以保护家人健康并经过时间检验的药剂配方。

我们都非常喜欢在天气晴朗的时候进行户外活动，但是被蜜蜂蜇伤或蚊虫叮咬会使这种欢乐戛然而止。你可以尝试制作一些虫不咬粉剂（见第 197 页）或薰衣草蚊虫叮咬应急棒（见第 192 页），它们可以快速缓解这类症状。当然，首先我们应该将蚊虫从我们身边驱散，这时可以尝试制作猫薄荷罗勒驱虫喷雾剂（见第 191 页）。

整天在户外工作或玩耍会使人感到肌肉酸痛，蒲公英正是你需要的，它能够迅速缓解疼痛。我们可以用它制作薰衣草蒲公英止痛油（见第 198 页），并装入瓶中，方便使用；或制成蒲公英加镁乳液（见第 206 页），这款乳液已经帮助我的许多朋友和家人缓解了夜间小腿抽筋的症状。

当秋天和冬天来临之际，感冒和流感就离我们不远了。我们可以准备一些药剂在手边以方便使用，比如牛至醋蜜剂（见第 202 页）和紫罗兰花利喉糖浆（见第 205 页）。它们可以帮助我们迅速恢复健康，或减轻感冒症状，使人感觉舒服一些。

猫薄荷罗勒驱虫喷雾剂

猫薄荷已被研究报道具有驱蚊功效，作用类似于避蚊胺；罗勒含有可以驱散苍蝇、蚊子及其他飞虫的化学成分。为了使这款驱虫喷雾剂更加有效，请务必添加下面提到的几种精油中的至少一种。在最近的香薰使用指南中，两岁以下的儿童禁止使用罗勒精油、香茅油和柠檬草精油，而柠檬桉精油只允许10周岁及以上人群使用。

制作量：

1杯（250毫升）

原材料：

½杯（10克）新鲜的猫薄荷和罗勒叶子（切碎）

1杯（250毫升）金缕梅萃取液

香茅油、罗勒精油、柠檬草精油或柠檬桉精油

水（用于稀释）

小贴士：香蜂叶、薰衣草和薄荷是另外几种具备驱虫功效的天然材料，如果需要，可用来替代猫薄荷和罗勒。

制作金缕梅浸泡酊剂

将猫薄荷和罗勒的叶子放入一个500毫升的罐子中，倒入金缕梅萃取液。你可能需要多加一些金缕梅萃取液，以确保植物被完全浸泡在其中。盖上罐盖，并将罐子放入橱柜中于暗处保存1周，然后取出并进行过滤。制成的金缕梅浸泡酊剂可以保存9个月至1年。

制作驱虫喷雾剂

取两个喷雾瓶，向每个瓶子里加入一半多一点的金缕梅浸泡酊剂。加入3~4滴你喜欢的驱虫精油，比如香茅油、罗勒精油、柠檬草精油或柠檬桉精油。用水将瓶子装满，盖好盖子并摇匀。

每次使用时都要摇匀瓶中的液体，以确保精油均匀分散于驱虫剂之中。将喷雾剂均匀地喷洒在你的手臂、腿部和其他需要驱虫的部位。如果在户外工作的时候周边的小飞虫给你造成了困扰，你可以将喷雾剂喷洒在帽子的边缘和内部以驱除它们。如果你处于孕期或哺乳期，或者有其他健康问题，请在使用精油前咨询你的医生。

驱虫喷雾剂的有效时长取决于你体液的化学成分和所处环境中蚊虫的数量，一般可持续30分钟到两个小时。如果需要，请再次喷涂。

薰衣草蚊虫叮咬应急棒

　　这款纯天然的蚊虫叮咬应急棒特别适合忙碌的户外运动爱好者。薰衣草为人们所广泛喜爱，它是一种温和的植物，可以缓解蚊虫叮咬导致的皮肤瘙痒和不适。同时，它也是一种驱虫剂，可以帮助我们避免被再次叮咬。这一配方中还使用了葵花籽油，它适用于所有皮肤类型，可以有效治疗皮肤破溃和损伤。这一油脂可以用其他轻质油（比如橄榄油和甜杏仁油）代替。

制作量：

7~8 管

原材料：

½ 杯（125 毫升）葵花籽油

¼ 杯（9 克）干燥的薰衣草花朵

1 汤匙（9 克）蜂蜡（磨碎的或片剂）

数滴薰衣草精油

　　选用第 17 页提到的一种方法，用薰衣草花朵制作葵花籽油浸泡油，然后进行过滤。

　　取一个耐热容器，向其中加入 3 汤匙（45 毫升）薰衣草浸泡油和蜂蜡。将容器放入装有 2.5~5 厘米深的水的平底锅中，用中火加热，直至蜂蜡熔化。边搅拌边加入薰衣草精油，而后将上述混合物倒入润唇膏管中。

　　由于天气以及我们量取蜂蜡的方法不同，制成的应急棒的软硬度可能会有所差异。如果你觉得它太软或太硬，则利用前面的方法再次将它熔化，并加入一些蜂蜡（变得更硬）或油脂（变得更软）。

　　使用时，直接用应急棒涂抹被蜜蜂蜇伤、蚊虫咬伤或其他刺痒的部位即可。

炉甘石玫瑰洗剂

炉甘石洗剂会让很多人回忆起他们童年患水痘、毒藤疹或其他皮肤瘙痒疾病时的情景。你可以自己尝试，非常经济地制成这款效果神奇的经典药品，免除不必要的开支。配方中使用了玫瑰花瓣，因为它具有收敛和舒缓皮肤的功效。如果你手头没有新鲜的玫瑰花，也可以使用干花，并将用量减半。金缕梅萃取液能起到清凉和消炎的作用；小苏打能够止痒；白色高岭土能将刺激物包裹起来，从而缓解皮肤不适。玫瑰高岭土与白色高岭土的作用原理相同，如果本配方中使用玫瑰高岭土，则可以制成像传统炉甘石洗剂那样的粉红色产品。

制作量：

125 毫升

原材料：

½ 杯（5 克）新鲜的玫瑰花瓣

1 杯（250 毫升）金缕梅萃取液

¼ 杯（24 克）白色高岭土

1 汤匙（6 克）玫瑰高岭土（染色，选用）

¼ 杯（62 克）小苏打

制作玫瑰金缕梅浸泡酊剂

将玫瑰花瓣放入一个 500 毫升的罐子中，倒入金缕梅萃取液。盖上罐盖，并将罐子放入橱柜中于暗处保存 1 周。如果使用的是粉色或红色的玫瑰花瓣，制成的金缕梅浸泡酊剂会变为类似的颜色。一周后取出并过滤，将制成的金缕梅浸泡酊剂保存在阴凉处，保质期为 6~9 个月。随着时间的推移，酊剂的颜色会越来越淡。

本配方需要使用 ¼ 杯（60 毫升）浸泡好的金缕梅酊剂。

制作炉甘石玫瑰洗剂

将白色高岭土、玫瑰色高岭土（选用）和小苏打放入一个 250 毫升的罐子里，并倒入准备好的玫瑰金缕梅浸泡酊剂，搅拌均匀。尽量不要摇晃罐子，因为飞溅起来的液体一旦粘到罐子内壁上就特别容易变干。炉甘石洗剂的名字里有"洗剂"这个词，但它实际上并不像洗剂，它的质地更为浓稠。

将制成的洗剂密封好并保存在阴凉处。由于它由金缕梅萃取液而不是水制成，因此这款炉甘石洗剂的保质期为 1~2 个月。如果它开始变干，可以边搅拌边向其中补充金缕梅萃取液。

使用时，用洗剂浸湿棉球或纱布，并擦拭刺痒、有皮疹或其他皮肤炎症的部位。让炉甘石洗剂在皮肤表面自然风干即可。

➝　图片见第 188 页。

柠檬草膏除臭剂

这款非常棒的除臭剂配方是由我的朋友发明的，她分享给我，并且同意我将它和大家一起分享。我将她的配方做了一点小的调整，向混合物中加入了抑菌成分柠檬草，不过你也可以使用薰衣草或薄荷来代替。我尝试制作了多种除臭剂，不过这一款是到目前为止我最喜欢的。你只需在腋下涂抹一点点，效果就非常显著。

制作量：

125 毫升

原材料：

2 汤匙（1 克）干燥的柠檬草（粉碎）

43 克葵花籽油

28 克蜂蜡

28 克乳木果脂

1/4 杯（54 克）椰子油

1 汤匙（14 克）小苏打

1 汤匙（14 克）竹芋粉

1/4 茶匙柠檬草精油

按照第 17 页上介绍的方法，制作柠檬草葵花籽油浸泡油，然后过滤，并取一茶匙用于此配方。

将蜂蜡、乳木果脂和椰子油放入一个耐热容器中。将容器放入装有 2.5~5 厘米深的水的平底锅中，并用中火加热，直至蜂蜡熔化。

边搅拌边向油脂中加入小苏打、竹芋粉和柠檬草精油，然后剧烈搅拌 5~10 分钟。混合物冷却后会变为黏稠的奶油状。用勺子将制成的除臭剂装入罐子中。这种除臭剂的质地柔软且容易涂抹，不会变得很硬，因此不能用传统除臭剂的容器盛装。

使用时，用指尖取少量除臭剂（约 1/16 茶匙）轻轻涂抹在腋下。使用次数一般取决于每个人体液的化学成分和周围环境，通常来说，这款除臭剂每天只需使用一次即可，但在非常炎热的天气，有时你需要在一天的晚些时候再用一次。

只要罐内的除臭剂不被水沾染，它的保质期通常可达 9~12 个月。

虫不咬粉剂

这是一款广受人们喜爱的家用药剂，我自己的孩子也经常使用。我最初开始制作它，是因为想要尝试仿制我花了大价钱购买的一种非常好用的产品。直到有一天，我发现其实它和花不了多少钱就能买好几千克的高岭土没多大区别。我将黏土和金盏花细粉混合在一起，制作成一种粉剂，它可以方便涂敷在蚊虫叮咬处、蜜蜂蜇伤处、痤疮及其他皮肤出现刺激表现的部位。金盏花用在这里，是因为它可以为皮肤消炎。制成的粉剂在使用时比薰衣草蚊虫叮咬应急棒（见第 192 页）要脏一些，但它具有的极佳治疗效果弥补了这方面的不足。

制作量：

1½ 汤匙（6 克）

原材料：

¼ 杯（1 克）干燥的金盏花
1 汤匙（5 克）高岭土

用电动咖啡研磨机或研钵研杵将金盏花磨碎，并用细筛过筛。将较大的碎片再次用咖啡研磨机研磨，并过细筛。这个过程可以将金盏花磨成极细的粉末。

将金盏花粉末和高岭土混合后储存在玻璃罐中。高岭土的保质期很长，但由于产品中添加了金盏花粉末，因此最好在一年内使用完。

使用时，取少量涂抹于蚊虫叮咬处或其他出现刺激性表现的部位。一般来说，涂抹一次即可治愈，但如果一段时间后皮肤瘙痒和不适症状再次出现，则可根据需要再涂抹一次。也可将少量粉末与几滴水或金缕梅萃取液混合制成膏状。

薰衣草蒲公英止痛油

止痛油使用起来很方便，我们可以很轻松地将它涂抹在关节疼痛、肌肉酸痛或其他需要止痛的部位。这一配方中会使用轻质油，因为它们易被皮肤吸收，例如甜杏仁油、葡萄籽油或杏仁油。琼崖海棠油的抗炎性能非常卓越，但它的价格较高，如果超出你的预算，也可以加入更多的甜杏仁油代替它。薰衣草具有镇静和舒缓肌肉酸痛的作用，而蒲公英花的镇痛功效可以缓解疼痛。

制作量：

120 毫升

原材料：

½ 杯（120 毫升）甜杏仁油

¼ 杯（9 克）干燥的薰衣草花朵

¼ 杯（2 克）干燥的蒲公英花朵

1 汤匙（15 毫升）琼崖海棠油

2~3 滴薰衣草精油

按照第 17 页介绍的方法制作薰衣草和蒲公英的甜杏仁油浸泡油。

将制成的浸泡油过滤，而后与琼崖海棠油和薰衣草精油混合。

将制成的止痛油倒入方便使用的玻璃滚珠瓶中，也可以将油脂储存在小罐中，作为按摩油使用。

> **小贴士：**其他一些花材也可用在止痛油的配方中，例如山金车花、紫草叶、紫草根和秋麒麟草等。如果温热可以让你的疼痛部位舒服一些，也可以向浸泡油中加入少量干燥的姜块。

罗勒薄荷利喉喷雾剂

罗勒不仅是厨房中的明星，它还具有抗菌、祛痰、疏通鼻腔和缓解轻度疼痛的功效，因此是这款利喉喷雾剂中非常重要的成分。薄荷气味清新，且具有清凉消炎的功效，是罗勒非常好的搭档。天然蜂蜜功效强大，它可以覆盖和舒缓疼痛的咽喉组织，还可为喷雾剂添加香甜的味道，同时可以保护植物浸泡提取物，延长保质期。紫锥花酊剂或金纽扣花酊剂具有舒缓喉咙的功能，同时能够抗菌，可以尝试加在这款喷雾剂中。同时酊剂中的酒精还可以将喷雾剂的保质期延长数周。

制作量：

120 毫升

原材料：

¼ 杯（3 克）切碎的新鲜或冷冻薄荷

2~3 片新鲜或冷冻的罗勒叶

¼ 杯（60 毫升）沸水

3 汤匙（45 毫升）天然蜂蜜

数滴胡椒薄荷萃取液（增加香味）

1 汤匙（15 毫升）紫锥花或金纽扣花酊剂（选用）

小贴士：可以向配方中加入香蜂叶，达到抗病毒的功效。对于扁桃体肿大症状，金盏花也同样有效。有一点要注意，在孕期禁止内服金盏花。

将薄荷和罗勒叶子放入耐热容器中，并倒入沸水，盖上盖子浸泡 20 分钟，然后过滤。边搅拌边加入天然蜂蜜和数滴胡椒薄荷萃取液，再加入酊剂并搅拌均匀。

将制成的药剂装入喷雾瓶中，在冰箱中冷藏保存，并在一周内用完。如果你向配方中加入了酊剂，并始终冷藏保存，那么保质期可延长至 3~4 周。

使用前先摇匀，向喉咙处喷洒一到两次，使用频率可以视症状严重程度来确定。如果你的喉咙持续疼痛或症状恶化，请到医院咨询医师。

牛至醋蜜剂

醋蜜剂是一种有强烈酸甜口感的植物糖浆，也是用来治疗咳嗽和咽喉疼痛的传统药剂。牛至具有很强的抗菌作用，可以杀灭多种病菌；苹果醋具有改善健康状况的功效；天然蜂蜜含有抗感染的化学物质。对于下面介绍的食醋和蜂蜜用量，读者可以此为基础灵活掌握，根据自己的口味适当调整比例。醋蜜剂的保质期相当长，因此我们可以在夏季牛至茂盛时多制作一些，保存到冬季流感高发期使用。

制作量：

2/3 杯（160 毫升）

原材料：

1/3 杯（5 克）切碎的新鲜牛至叶子

1/3 杯（80 毫升）苹果醋

1/3 杯（80 毫升）天然蜂蜜

将切碎的牛至叶子放入一个 250 毫升的罐头瓶中，再倒入苹果醋并搅拌。然后倒入蜂蜜，继续进行搅拌。如果你喜欢甜一些的糖浆，加入的蜂蜜可以比醋多一些。反之，如果你喜欢酸一些，就多加一些醋。这个配方中的蜂蜜和苹果醋都有防腐作用，因此改变它们中任何一种的用量，都不会使配方变得混乱。

用非金属的盖子盖好罐口，并摇匀。如果你没有非金属的盖子，可以将一张蜡纸或塑料膜衬在罐子和盖子之间，以免金属盖子被醋腐蚀。

将醋蜜剂静置 2~3 周，使食醋和蜂蜜的味道相融合，同时牛至叶子的有效成分也能充分浸入醋和蜂蜜中。过滤醋蜜剂，并保存于阴暗处，保质期可达 1 年。

使用时，每次一勺，每日根据需要可多次服用。这种醋蜜剂可用于治疗喉咙痛、剧烈咳嗽以及感冒和流感引起的不适症状。如果症状更加严重，请立即就医。

小贴士：这一配方中使用新鲜牛至叶子效果最好，但买不到的时候也可以用干燥的牛至叶子代替。如果没有牛至叶子，使用罗勒和百里香也是可以的。

紫罗兰花利喉糖浆

这款糖浆的味道非常好，它可以帮助我们缓解感冒引起的咳嗽和咽喉疼痛症状。紫罗兰具有抚慰和清凉的作用，富含维生素 C；蜂蜜是一种天然抗菌剂，能滋润发炎的组织。

制作量：

1 杯（240 毫升）

原材料：

½ 杯（10 克）新鲜或冷冻的紫罗兰花

½ 杯（120 毫升）沸水

½ 杯（120 毫升）天然蜂蜜

将紫罗兰花放入一个耐热容器中，并倒入沸水，浸泡 1 小时左右，或冷却至室温，然后过滤。此时，液体应为深蓝色。这时可以立即制作紫罗兰糖浆，或将浸泡好的紫罗兰茶放在冰箱里冷藏过夜。如果你想过更长时间后再制作，也可以将紫罗兰茶冷冻保存，这样能够保存 6~9 个月。

开始制作糖浆时，将紫罗兰茶放在平底锅中缓慢加热，温度不要超过 43 摄氏度，以免在后续步骤中过高的温度损坏天然蜂蜜的有效成分。

从火上取下平底锅，边搅拌边加入蜂蜜，直至充分混合。将糖浆倒入玻璃瓶中保存，盖紧罐盖。

使用时，根据需要每 3~4 个小时服用 1~3 茶匙（5~15 毫升）糖浆，可用于治疗轻微的咳嗽和喉咙疼痛。此外，紫罗兰还具有通便的功效。将制作好的利喉糖浆置于冰箱中冷藏保存，保质期约为 1 个月。也可将糖浆按照每次使用的剂量用制冰格冷冻保存，这样可以将保质期延长至一年。使用时，只需在室温下将糖浆熔化，和平时一样服用即可。

如果你的症状没有好转或持续加重，请及时就医。

小贴士：一周岁以下的儿童不能服用蜂蜜和所有含蜂蜜的产品。

蒲公英加镁乳液

科学家认为，大部分人每日从膳食中摄入的镁的量都严重不足，这会引起头痛、小腿痉挛及一系列其他健康问题。除了使用硫酸镁（泻盐）洗浴和服用含镁补品外，另一个补充这种必要矿物质的方法是使用镁油保养皮肤。纯镁油比较干涩并有一定的刺激性，而将它加入乳液或面霜中则能产生很好的效果。蒲公英花朵是一种温和的镇痛剂。这款乳液对于缓解小腿痉挛效果显著。

制作量：

105 毫升

原材料：

2 汤匙（30 毫升）蒲公英浸泡油
（制作方法见第 17 页）

3 茶匙（6 克）乳化蜡（经美国国家药典认证）

2 汤匙（30 毫升）镁油

2 汤匙（30 毫升）蒸馏水

1 汤匙（15 毫升）芦荟凝胶

2~3 滴薰衣草精油（选用）

天然防腐剂（选用）

将蒲公英浸泡油和乳化蜡放入一个耐热容器或废弃的罐头盒里。

镁油的名字里尽管有"油"，但实际上它是一种水基材料。量取适量的镁油、水和芦荟凝胶，将其放入一个 250 毫升的罐头瓶里。

将上述两个容器放入一个装有 2.5~5 厘米深的水的平底锅中，用小火加热约 10 分钟。此时乳化蜡已经完全熔化，水、芦荟凝胶和镁油的混合物的温度达到约 66 摄氏度。从火上取下平底锅。

将两个容器里的混合物倒入一个耐热搅拌碗中。各组分一经接触便立即开始乳化，混合物逐渐变成乳白色。

用一把叉子或小搅拌器快速搅打混合物 30 秒，而后静置冷却约 5 分钟。如果想要加速冷却的过程，可以将搅拌碗放入一个装有冰水的容器中。在乳液冷却凝固的过程中，以 30 秒为周期，间歇进行搅拌。如果需要，可以在此时边搅拌边加入薰衣草精油。

如果你要向乳液中加入天然防腐剂，那么一定要注意乳液当前的温度是否合适。将制作好的乳液转移到瓶子里，这时乳液会持续凝固。在乳液完全冷却前请不要给容器盖上盖子，以免盖子上凝结冷凝水。如果不使用防腐剂，那么请将乳液置于冰箱中冷藏保存，并在两周内用完。

在晚间将乳液涂抹在腿部、足部及背部，或在小腿痉挛时立即使用。

芦荟玫瑰防晒喷雾剂

玫瑰具有镇静功效，可以缓解晒伤及其他面部潮红的皮肤问题；金缕梅萃取液能够抗炎和舒缓肌肤；芦荟能够缓解和治疗皮肤损伤；苹果醋是修复晒伤的传统药剂，所以在本品中也加入了一点。少量的苹果醋气味很淡，但如果你对这种味道非常敏感，也可以多加一些金缕梅萃取液替代它。将制作好的喷雾剂放在冰箱中冷藏保存，较低的温度也能增加它在使用时的清凉感，同时冷藏还能延长其保质期。

制作量：

150 毫升

原材料：

¼ 杯（60 毫升）金缕梅萃取液

¼ 杯（60 毫升）芦荟凝胶

¼ 杯（4 克）新鲜的玫瑰花瓣

1 汤匙（15 毫升）苹果醋

1 汤匙（15 毫升）水

将所有原材料放入打汁机中搅打，直至混合物变成淡粉色，并产生很多泡沫。这时混合物中还能看到少量玫瑰花瓣的碎片，需要进行过滤。

将滤液倒入喷雾瓶中，并置于冰箱中冷藏保存。使用时，可将它喷洒在颈部、手臂、腿部和背部。这款喷雾剂也可在面部使用，但请在喷洒前紧闭双眼。如果不慎喷入眼中，请用清水冲洗。

这一配方融合了新鲜花瓣的色彩和瓶装芦荟凝胶的疗效，同时也避免了玫瑰花茶容易变质的问题。制作好的喷雾剂如能在冰箱中妥善冷藏保存，其保质期至少为一个月。

洋甘菊镇静糖浆

这款糖浆的味道很好。它的成分包括有镇静放松功效的洋甘菊，它能帮助人们从繁忙的一天中放松下来。此外还加入了一点香蜂叶，它能舒缓紧张的神经，令人心情放松。天然蜂蜜味道甜美，在这一配方中主要用作防腐剂。

制作量：

120 毫升

原材料：

3~4 片新鲜或干燥的香蜂叶

1 汤匙（1克）干燥的洋甘菊花朵或花茶

1/4 杯（60 毫升）近沸水

1/4 杯（60 毫升）天然蜂蜜

数滴胡椒薄荷萃取液（选用）

将香蜂叶撕成小块，和金盏花一起加入耐热容器中，然后倒入热水，浸泡 45 分钟。

过滤后，边搅拌边加入天然蜂蜜，直至完全溶解。可依据个人喜好，加入数滴胡椒薄荷精华液。

根据需要，每次服用 1~2 茶匙（5~10 毫升），每日数次。也可将它加入热茶中饮用。最好在晚间服用这种糖浆，它的镇静作用能给人带来一整夜的安眠。

将制成的糖浆放置在冰箱内冷藏保存，保质期约为 4 周。你也可以按照剂量用制冰格冷冻糖浆，这样可以将保质期延长至 6 个月。使用时，在室温下自然融化冰块，按日常方法服用即可。

本配方中用到的两种花材对于大多数人都是安全的，但如果你有某种健康问题、过敏、处于孕期或哺乳期，请在使用前咨询医生。一周岁以下的儿童不能服用任何含蜂蜜的产品。

小贴士：如果你对洋甘菊过敏，可以不使用洋甘菊，增加配方中香蜂叶的用量即可。可以在当地杂货店的烘焙或香料柜台买到胡椒薄荷萃取液，不要将它和胡椒薄荷精油混淆。

家用无毒清洁剂

　　从本章中你会了解到，我们从商场中购买的清洁剂的危害，以及如何使用从杂货店里买来的廉价原材料和花园中的植物花材，自己动手制作简单、安全、低价、有效的家用清洁剂。

　　有效利用花园中芬芳且具有抗菌性能的花材（比如迷迭香、鼠尾草、百里香和牛至）是一项伟大的工程。玫瑰和薰衣草可以为产品增添温和迷人的香气，但如果你不喜欢花香，也可以使用有柑橘香味的植物或香料来代替它。

　　使用带有柠檬香气的纯天然清洁喷雾剂，对于小孩子而言也非常安全，并不会因为他们拿着它玩耍而对健康造成伤害。而那些摆放在货架上的罐装清洁喷雾剂可能含有内分泌干扰物或不易降解的化学成分，会对人体健康造成长期伤害。

　　消毒湿巾与人体呼吸系统和免疫系统的健康息息相关。我们不再使用市售消毒湿巾，自己制作一款具有神奇消毒效用的植物醋喷雾剂，在感冒和流感高发的季节用来做家庭清洁，效果非常好。

　　市上销售的用于清洁玻璃的蓝色喷雾剂有一种强烈的气味，容易引起呼吸系统问题或造成皮肤过敏。我制作的玫瑰玻璃清洁剂能给你带来无痕闪亮的玻璃窗，同时不会对你和家人及环境造成任何伤害。

　　我在本章中也会介绍一些用于清洗衣物、擦拭家具和地板的天然配方。

百里香桌面清洁剂

　　这一配方使清洁桌面变得轻而易举！橄榄皂能去除污垢和细菌，配方中的水能将它清除干净。用异丙醇（外用）浸泡具有抗菌效用的百里香，这样制成的喷雾剂能令使用处光泽无痕。如果你不喜欢外用酒精的味道，也可以使用无味的伏特加酒代替它。

制作量：

250 毫升

原材料：

1 汤匙（1 克）干燥的百里香

3 汤匙（45 毫升）外用异丙醇

1 杯（250 毫升）水

2 茶匙（10 毫升）液体橄榄皂

制作百里香异丙醇浸泡酊剂

将百里香放入一个小型容器中，倒入异丙醇，盖上盖子，浸泡过夜。浸泡好的酊剂会呈现漂亮的绿色，然后进行过滤。

制作桌面清洁剂

将水倒入一个容器中，同时边搅拌边加入橄榄皂。然后倒入异丙醇酊剂，再搅拌一次。

　　务必在制作好的清洁剂瓶子上贴好标签，并置于儿童触及不到的地方，以免儿童误食。

　　每次使用前轻轻摇匀并喷洒在桌面上，特别是那些有污渍的位置，然后用抹布或纸巾擦拭干净即可。

柠檬百里香清洁喷雾剂

超市货架上出售的柠檬香味的清洁喷雾剂很好闻，但如果你仔细看一下它的标签就会发现，其实它里面几乎没有任何天然成分。你可以按照这个简单廉价的配方制作一款对你和你的家具来说都更为健康的清洁剂。食醋具有清洁作用，可以将粘在一起的大块污垢清除；橄榄油能保护木材，并使家具表面光泽如新。这款喷雾剂还能修复受损的木质表面。我在这一配方中选用柠檬百里香，是因为它能在清洁的同时杀菌消毒。你也可以使用其他具有柠檬香气的植物花材，如香蜂叶、柠檬马鞭草或柠檬草等。

制作量：

90 毫升

原材料：

1 个柠檬

1 杯（10 克）切碎的新鲜柠檬百里香或其他具有柠檬香气的植物

1½ 杯（375 毫升）白醋

2 汤匙（30 毫升）橄榄油

小贴士：如果你没办法买到新鲜的植物花材，也可以使用干燥花材，用量减半即可。

制作柠檬百里香浸泡醋

剥掉柠檬皮，并将柠檬皮切成片（可以使用擦皮器或剥皮器）。尽可能保留有颜色的柠檬皮，去掉白色的内皮。

将柠檬香味的植物、柠檬皮碎片和白醋放到一个 500 毫升的罐头瓶中，盖上塑料盖。如果你没有非金属的盖子，那么就在罐子和盖子之间垫上几层蜡纸或塑料薄膜，以避免白醋腐蚀金属盖。

将罐子放在橱柜或其他暗处 1~2 周，或直至白醋闻起来明显是柠檬味道为止。如果你需要更强烈的柠檬味，可以多加一些柠檬皮，并将浸泡时间延长数周。柠檬醋浸泡好之后，将它过滤到一个清洁的容器中，贴好标签，盖好盖子，避光保存。

做好的柠檬醋可以保存大约一年，并可用于制作大约 6 批次的清洁喷雾剂。

制作清洁喷雾剂

将 4 汤匙（60 毫升）柠檬醋和橄榄油混合，装入小玻璃喷雾瓶中。使用前及使用过程中注意摇匀，因为这款混合喷雾剂很容易分层。

使用时，向抹布上喷洒少量清洁剂，擦拭灰尘或磨损的木质表面，直至家具表面光亮且油脂被吸收为止。这款喷雾剂可用于擦拭桌子、橱柜门和其他木质表面，但不适用于硬木地板。

抽水马桶清洁剂

这一简单的配方非常适合洗手间的日常清洁。如果污渍特别难清洗，除小苏打之外，可额外添加 ¼ 杯（65 克）碳酸钠，再加入一些浮石。这样可以清除顽固的硬质水渍。

制作量：

足够清洗一次马桶的量

原材料：

½ 杯（112 克）小苏打

½ 杯（125 毫升）四贼醋（见第 220 页）

向马桶的边缘和中间储水的位置均匀撒入小苏打粉末，然后倒入四贼醋。这时会突然产生大量气泡，发出嗞嗞的声音。如果没有看到这种现象，下次清洁的时候可以增加小苏打和四贼醋的用量至 ¾ 杯或 1 杯。

用马桶刷彻底刷洗马桶，然后用水冲净。

小贴士：可以用过氧化氢浸湿棉球擦拭马桶盖及其周围的污渍。

香蜂叶家具上光剂

我们可以将香蜂叶的汁液直接涂抹在家具上，它能让家具气味清香，而且光泽闪亮。但是这样做需要大量的叶子，花费大量的时间和耐心。因此，我们可以尝试使用干燥的香蜂叶和一种保质期较长的油脂制作浸泡油，这样的油脂有荷荷巴油、椰子油和橄榄油等。再将浸泡油制成家具上光剂，不但使用方便，而且可以令家具光亮如新。

制作量：

28 克

原材料：

1 汤匙（1 克）干燥的香蜂叶叶片
（碾碎）

30 毫升荷荷巴油

4 克蜂蜡

柠檬精油（选用）

将干燥的香蜂叶和荷荷巴油放入一个 250 毫升的罐头瓶内。将罐头瓶放入一个装有 2.5~5 厘米深的水的平底锅中，用小火加热 1 小时。将浸泡油过滤到一个 125 毫升的罐头瓶中。为了清洁方便，这个小一些的罐头瓶可以用来混合原料以及后期储存上光剂。

将称好的蜂蜡放入浸泡油中，将容器放入前面提到的装有水的平底锅中，用小火加热，直至蜂蜡熔化。从火上取下平底锅，如果需要，可以边搅拌边加入几滴柠檬精油，以改善产品气味，并增加额外的清洁能力。

使用时，用旧的 T 恤衫或其他软布蘸取少量上光剂涂抹家具、擀面杖、砧板或其他木质表面，然后用一块干净的软布抛光即可。

玫瑰玻璃清洁剂

这款用新鲜玫瑰制成的粉红色玻璃清洁剂可以让整个家务过程都闪亮起来。在这款清洁剂中,我们利用了白醋的去油去污功效。玉米淀粉这种原料听起来有些奇怪,其实它能除去擦玻璃后留下的痕迹。用揉皱的报纸或鸟眼纹棉布(尿布表层的制作材料),结合这款清洁剂,能把玻璃擦得干净无痕、闪闪发亮。

制作量:

60 毫升

原材料:

1 杯(10 克)粉色或红色的新鲜玫瑰花瓣

1½ 杯(375 毫升)白醋

2 汤匙(30 毫升)水

少量玉米淀粉

制作玫瑰浸泡醋

将玫瑰花瓣和白醋放入一个 500 毫升的罐头瓶中,盖上塑料盖或非金属的盖子。如果你没有非金属的盖子,那么就在罐子和盖子之间垫上几层蜡纸或塑料薄膜,以避免白醋腐蚀金属盖。

将罐头瓶置于阴暗处保存 1~2 周,直至白醋变为粉红色并散发出淡淡的玫瑰香气。如果你希望制成的产品香气更浓郁,可以多加一些玫瑰花瓣,并将浸泡时间延长数周。将制成的浸泡醋过滤到一个干净的容器里,盖好盖子,贴好标签,避光保存。随着时间的推移,浸泡醋的颜色会变淡,但它的效用可保持一年或更长时间。

制作玫瑰玻璃清洁剂

将 2 汤匙(30 毫升)浸泡醋倒入一个小喷雾瓶中,加入水和玉米淀粉并摇匀。

使用时,将清洁剂喷洒在窗户玻璃、镜子或其他玻璃表面,然后用揉皱的报纸或鸟眼纹棉布擦拭干净。醋类会腐蚀花岗岩和大理石等石材表面,使用时请注意避开它们。

小贴士:这个配方很容易大量制作,只需要等比例增加水和醋,并增加玉米淀粉的用量即可。

四贼醋喷雾剂

中世纪黑死病大流行，传说有 4 名盗贼每天到病人家中或掘开黑死病死者的坟墓偷盗，却始终不曾被感染。他们在被抓捕之后，为了免于受到惩罚，用如何预防感染的秘密换取了自由。他们将一系列特殊的植物浸泡在醋中，用制成的浸泡醋浸湿软布，并在偷盗时用该布蒙住面部，偷盗后用浸泡醋清洗身体。时至今日，关于这样的一支盗贼队伍是否真的存在我们不得而知，但是科学家的研究表明，许多芳香植物确实具有强大的消毒杀菌能力。我每年都会制作大量四贼醋，尤其是易患感冒的季节。它特别适合清洁那些细菌藏匿的角落，如水槽、电灯开关、马桶座圈和冰箱把手等。传说的故事里有 4 名盗贼，但我们的配方中并不仅限于使用 4 种植物。流传下来的传统配方中包含许多种植物，因为人们想要尽可能多地获得植物的功效。

制作量：

1½ 杯（375 毫升）

原材料：

¼ 杯（3~4 克）（每种）切碎的新鲜迷迭香、薄荷、薰衣草、鼠尾草、百里香和牛至叶子

少许完整的丁香（选用）

1½ 杯（375 毫升）醋水（用于稀释）

将新鲜植物放入一个 500 毫升的罐头瓶中。在一些流传的四贼醋配方中包含丁香，因为它具有强大的抗菌能力。如果你喜欢丁香的气味，就在罐子里加一些。向罐子里倒入醋，如果需要的话，可以再补充一些，要确保所有的植物都被醋浸没。

盖上非金属的盖子，或在罐子和金属盖子之间垫上几层蜡纸或塑料薄膜。

将浸泡醋放置在暗处，静置 1~2 周，然后过滤并保存在干净的玻璃罐中，其保质期至少可达一年。

使用时，请用等量的水稀释，并喷洒在有污渍和细菌的位置，然后用干净的抹布或纸巾擦干净。醋类会腐蚀花岗岩和大理石等石材的表面，使用时请注意避开它们。

小贴士：如果你没有新鲜的植物，也可以用干燥的植物代替，用量减半。

柳橙松针地板清洁剂

柑橘属的植物有强大的抗菌能力，而松针具有消毒的效用，同时散发出松木的香气。这款地板清洁配方适用于清洁不含蜡质的地板以及瓷砖。请不要在硬木地板上使用这款清洁剂，因为醋中的酸性成分会对地板的表面造成损伤。

制作量：

1½ 杯（375 毫升）

原材料：

½ 杯（12 克）切碎的松针

一个橙子的果皮

1½（375 毫升）杯白醋

将松针和橙皮放入一个 500 毫升的容器中。橙子的大小并不重要，这一配方不需要精确的用量。

将白醋倒入容器中，要确保所有的材料都被醋浸没。盖上非金属的盖子，或在罐子和金属盖子之间垫上几层蜡纸或塑料薄膜。

将浸泡醋置于暗处保存，静置 1~2 周，然后过滤。

如果你想要制成气味更强烈的产品，可以取一个新罐子，装入新鲜的松针和橙皮，然后倒入刚刚制成的浸泡醋，等待 1~2 周，就能得到双倍效能的浸泡醋。

使用时，取 ¼~½ 杯（60~120 毫升）柳橙松针地板清洁剂加入到 3.8 升热水中，用拖把蘸水拖地即可。

植物洗手液

有人觉得皂液比香皂用起来更方便。我们可以尝试制作一款天然洗手液，它不含任何合成洗涤剂或气味浓重的化学芳香剂，而这些物质都存在于商场货架上摆放的商品中。为了使制成的产品效果最好，我们需要在配方中使用手工皂或天然皂液（例如橄榄皂），因为从商场中购买的香皂大部分都是皂基皂，效果不是很好。这个配方也能将"家庭自制手工皂"（见第 153 页）这一章中剩余的手工皂边角料和碎屑很好地利用起来。这一配方中使用的浸泡油量很少，所以我们可以从其他配方中借用一些，或使用未浸泡的纯净油脂。

制作量：

1½~2 杯（374~500 毫升）

原材料：

1 块（115 克~145 克）手工皂或其他适量天然皂液

1 茶匙植物浸泡油

1½~2 杯（375~500 毫升）水
天然防腐剂（选用）

使用价格低廉的盒式擦丝器将手工皂擦成丝。当皂的碎屑量达到 1½~2 杯（375~500 毫升）时就可以停止了。皂屑的量多一些或少一些都没什么关系，可以调整水量以与之相匹配。将皂屑放入一个平底锅中，然后加入油脂和大约一杯（250 毫升）水。

用小火加热平底锅，并间歇进行搅拌，直至皂屑完全溶解在水中。这个过程耗时较长，所以请耐心等待。

再向锅中加入 ½ 杯（125 毫升）水，并继续搅拌。用水量的多少取决于你使用的手工皂的大小，以及它存放的时间长短。也许你用不了那么多水，当然也有可能还需要加入更多的水。如果搅拌过于频繁，液体的表面会出现一层浮沫，可以用一个长柄勺将其撇去。

等到皂屑完全溶解后，从火上取下平底锅，并让皂液自然冷却，然后将皂液倒入皂液器或瓶子里使用。皂液冷却之后，质地会变得黏稠一些，但是始终呈液体状态。如果你制作的皂液冷却后变为固体，则需要将它放入平底锅中再次加热，并加入更多的水。

当你向制作的产品中加水的时候，就增加了细菌和霉菌在其中滋生的风险。手工皂的碱性在一定程度上可以起到防腐的作用，但如果你不能在数周内将制作的洗手液用完，最好考虑向其中加入一些天然防腐剂。

薰衣草洗衣粉

自制洗衣粉非常简单。这个配方是以第 187 页介绍的椰子油洗衣皂的配方为基础扩展出来的。如果你自己不能制作洗衣皂，也可以在当地商店或保健品店购买天然洗衣皂来使用。我喜欢向清洁剂中加入气味香甜的薰衣草，你也可以选用其他植物（比如柠檬草）来代替，或完全不加入任何植物。

制作量：

16~24 次洗衣用量

原材料：

一块自制椰子油洗衣皂（见第 187 页）

1½~2 杯（405~540 克）碳酸钠

¼ 杯（6 克）干燥的薰衣草（选用）

½~1 茶匙薰衣草精油（选用）

¼~½ 杯（60~120 毫升，每次洗衣用量）薰衣草衣物柔顺剂（见第 229 页，选用）

使用盒式擦丝器将手工皂擦成丝。当皂的碎屑量达到 1½ 杯（约 75 克）就可以停止了。

将皂屑加入打汁机中，再倒入碳酸钠。

用电动咖啡研磨机或研钵研杵将薰衣草研磨成粉末，然后过细孔筛，得到非常细的粉末。我们需要在这个过程中制作出大约 1 汤匙（1 克）的粉末，并加入到打汁机中。

用打汁机搅拌打碎皂屑、碳酸钠和薰衣草粉末，直至它们完全融合，并且看不到大块皂屑。如果需要，可以边搅拌边加入薰衣草精油。

将制成的洗衣粉装入玻璃罐中，贴好标签，并密闭保存。每次洗衣时使用 2~3 汤匙（26~39 克），如果需要，可以加入衣物柔顺剂。如果你没有现成的衣物柔顺剂，也可用醋代替。

小贴士：由于所用手工皂的大小和形状不同，制作出的皂屑量多少也会不同。这个配方调节起来相对容易。每增加 ½ 杯（25 克）皂屑，就需要增加 ½ 杯（135 克）碳酸钠。

新鲜薄荷墙壁清洁剂

薄荷的清新香气能够提神醒脑，令人充满活力。天然橄榄皂能洗去房间墙壁和门上的污垢，以及黏糊糊的手印。如果你手头没有新鲜的薄荷，也可以使用晒干的薄荷，用量减半即可。

制作量：

2½ 杯（625 毫升）

原材料：

1 杯（14 克）新鲜的薄荷叶

1½ 杯（375 毫升）近沸水

1 杯（250 毫升）冷水

1 茶匙液体橄榄皂

胡椒薄荷精油（选用）

将薄荷叶放入一个耐热容器中，倒入热水，静置 20 分钟后进行过滤。

将过滤后的薄荷茶和冷水混合，在轻轻搅拌的同时加入橄榄皂。如果需要的话，也可加入一两滴胡椒薄荷精油。

用制成的清洁剂浸湿抹布，然后用抹布擦拭墙壁、门和窗框。每次制作一次的用量即可，因为它的保质期不超过一天。

薰衣草衣物柔顺剂

醋是我们身边最常见、最便宜的衣物柔顺剂。它能去除衣物上的洗涤剂残留，同时软化织物。薰衣草是一种非常受欢迎的家用植物，它具有驱虫的功效，同时气味芬芳。可以参照这一配方，用醋浸泡你喜欢的花材和橙皮，使你每日的洗衣工作更加有趣。

制作量：

足够 6 次洗衣用量

原材料：

2/3 杯（24 克）干燥的薰衣草花朵

1 1/2 杯（375 毫升）白醋

将薰衣草花和白醋一起放入 500 毫升的容器中，盖上非金属的盖子，静置浸泡 1~2 周，避免阳光直射。

过滤制作好的浸泡醋，此时它应呈现出漂亮的粉红色，并散发出薰衣草的香气。如果你想要制成气味更强烈的产品，可以取一个新罐子，装入一份晾干的薰衣草，然后倒入刚刚制成的浸泡醋，再等待 1~2 周，而后过滤。

使用时，取大约 1/4 杯（60 毫升）加入洗衣机的柔顺剂添加口中，或使用缓释球（可在当地超市的洗衣用品区买到）。如果水质较硬，则需增加柔顺剂的使用量至 1/2 杯（125 毫升）。

纯天然宠物
护理剂

我们的宠物也很喜欢天然植物花材所带来的好处。在本章中，我们将一起制作一款薄荷味的清新护理剂，它可以帮助去除狗狗的口气。还有一种美味且富含维生素的护理剂，狗狗和猫咪也都非常喜欢。

如果你的宠物总被跳蚤困扰，那么可以试着做一些草本驱蚤粉（见第233页）或者皮肤瘙痒洗剂（见第234页），在洗澡后涂抹，舒缓皮肤。

在本章中，我还和大家分享了一款多用途药膏的配方。这款药膏我在很多动物（如山羊、小鸡、狗）身上都使用过，此外，它也适用于人类的皮肤。

宠物能给我们带来欢乐，在很多家庭中它们也是不可或缺的成员。我们为什么不为它们制作一些天然无毒的产品呢？